中等职业教育数字艺术类规划教材

边做边学

AutoCAD 2010

中文版案例教程

陈东华 主编

人民邮电出版社

北 京

图书在版编目（CIP）数据

AutoCAD 2010中文版案例教程 / 陈东华主编. -- 北
京：人民邮电出版社，2014.6（2023.1重印）
（边做边学）
中等职业教育数字艺术类规划教材
ISBN 978-7-115-34915-6

Ⅰ. ①A… Ⅱ. ①陈… Ⅲ. ①AutoCAD软件－中等专业
学校－教材 Ⅳ. ①TP391.72

中国版本图书馆CIP数据核字(2014)第046511号

内 容 提 要

本书全面系统地介绍AutoCAD 2010 的各项功能和操作技巧，包括初识AutoCAD、绘制基本图形、绘制复杂图形、编辑图形操作、文字与表格的应用、尺寸标注、图块与外部参照、查询与输出等内容。

本书内容的讲解均以课堂案例为主线，通过案例的操作，学生可以快速熟悉绘图的思路。书中的软件相关功能解析部分使学生能够深入学习软件功能；课堂实战演练和课后综合演练，可以拓展学生的实际应用能力，提高学生的软件使用技巧。本书配套光盘中包含了书中所有案例的素材及效果文件，以利于教师授课，学生练习。

本书适合作为中等职业学校AutoCAD 课程的教材，也可作为相关人员的参考用书。

◆ 主　　编　陈东华

责任编辑　王　平

责任印制　杨林杰

◆ 人民邮电出版社出版发行　　北京市丰台区成寿寺路 11 号
邮编　100164　电子邮件　315@ptpress.com.cn
网址　https://www.ptpress.com.cn

涿州市京南印刷厂印刷

◆ 开本：787×1092　1/16

印张：13.75　　　　　2014 年 6 月第 1 版

字数：355 千字　　　　2023 年 1 月河北第 11 次印刷

定价：36.00 元（附光盘）

读者服务热线：(010) 81055256　印装质量热线：(010) 81055316
反盗版热线：(010) 81055315
广告经营许可证：京东市监广登字 20170147 号

前　言

AutoCAD 是由 Autodesk 公司开发的计算机辅助设计软件。它功能强大、易学易用，深受室内设计人员的喜爱，已经成为这一领域最流行的软件之一。目前，我国很多中等职业学校的艺术类专业，都将 AutoCAD 作为一门重要的专业课程。为了帮助中等职业院校的教师全面、系统地讲授这门课程，使学生能够熟练地使用 AutoCAD 来进行绘图，几位长期在职业院校从事 AutoCAD 教学的教师与专业设计公司经验丰富的设计师合作，共同编写了本书。

根据现代职业学校的教学方向和教学特色，我们对本书的编写体系做了精心设计。每章按照"课堂实训案例－软件相关功能－课堂实战演练－课后综合演练"这一思路进行编排，力求通过课堂实训案例演练，使学生快速熟悉设计制作思路和软件功能；通过软件相关功能解析使学生深入学习软件功能和制作特色；通过课堂实战演练和课后综合演练，拓展学生的实际应用能力。在内容编写方面，力求细致全面、重点突出；在文字叙述方面，言简意赅、通俗易懂；在案例选取方面，强调案例的针对性和实用性。

本书配套光盘中包含了书中所有案例的素材及效果文件。另外，为方便教师教学，本书配备了详尽的课堂实战演练和课后综合演练的操作步骤文稿、PPT 课件、教学大纲、附送商业实训案例文件等丰富的教学资源，任课教师可登录人民邮电出版社教学服务与资源网（www.ptpedu.com.cn）免费下载使用。本书的参考学时为 54 学时，各章的参考学时参见下面的学时分配表。

章　节	课程内容	学时分配
第 1 章	初识 AutoCAD	4
第 2 章	绘制基本图形	6
第 3 章	绘制复杂图形	8
第 4 章	编辑图形操作	8
第 5 章	文字与表格的应用	8
第 6 章	尺寸标注	6
第 7 章	图块与外部参照	6
第 8 章	查询与输出	4
第 9 章	综合设计实训	4
学 时 总 计		54

本书由陈东华任主编，参与本书编写工作的还有周志平、葛润平、张旭、吕娜、孟娜、张敏娜、张丽丽、邓雯、薛正鹏、王攀、陶玉、陈东生、周亚宁、程磊、房婷婷等。

由于编者水平有限，书中难免存在错误和不妥之处，敬请广大读者批评指正。

编　者
2014 年 2 月

目　　录

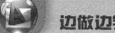

第**1**章 初识 AutoCAD

本章介绍 AutoCAD 在工程制图中的应用，同时还详细介绍 AutoCAD 2010 中文版的工作界面、基本的文件操作方法、快速浏览图形的方法以及管理图层的方法。本章介绍的知识可帮助用户快速了解 AutoCAD 2010 中文版绘图软件的特点与功能，从而为绘制复杂的工程图做好准备。

 课堂学习目标

- AutoCAD 2010 中文版的工作界面
- 文件的基础操作
- 快速浏览图形
- 图层的基本操作
- 图层对象属性的设置

1.1 椭圆辐轮式带轮

1.1.1 【操作目的】

利用新建、打开、保存、关闭命令和菜单栏中的全部选择命令制作椭圆辐轮式带轮。（最终效果参看光盘中的"Ch01 > 效果 > 椭圆辐轮式带轮"，见图 1-1。）

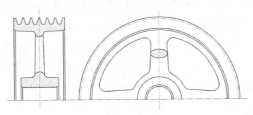

图 1-1

1.1.2 【操作步骤】

步骤 1 创建图形文件。选择"文件 > 新建"命令，弹出"选择样板"对话框，如图 1-2 所示，单击 打开(O) 按钮，创建新的图形文件。

步骤 2 打开图形文件。选择"文件 > 打开"命令，打开光盘中的"Ch01 > 素材 > 椭圆辐轮式带轮"文件，如图 1-3 所示。

图 1-2

图 1-3

步骤 3 编辑图形文件。选择"编辑 > 全部选择"命令选取图形，如图 1-4 所示。在绘图窗口中单击鼠标右键，弹出快捷菜单如图 1-5 所示，选择"复制"命令复制图形。

步骤 4 选择"Drawing1"文件，选择"编辑 > 粘贴"命令，将复制的图形粘贴到绘图窗口中。

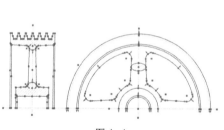

图 1-4

图 1-5

步骤 5 关闭和保存图形文件。选择"文件 > 关闭"命令，弹出"AutoCAD"对话框，如图 1-6 所示，单击"是"按钮，弹出"图形另存为"对话框，按需要输入文件名称，如图 1-7 所示，单击 保存(S) 按钮，保存图形文件。

图 1-6

图 1-7

1.1.3 【相关工具】

1. 新建图形文件

在应用 AutoCAD 绘图时，首先需要新建一个图形文件。AutoCAD 为用户提供了"新建"命令，用于新建图形文件。

启用命令的方法如下。

⊙ 工 具 栏："标准"工具栏中的"新建"按钮 。

⊙ 菜单命令："文件 > 新建"。

启用"新建"命令，弹出"选择样板"对话框，如图 1-8 所示。在"选择样板"对话框中，用户可以选择系统提供的样板文件，或选择不同的单位制从空白文件开始创建图形。

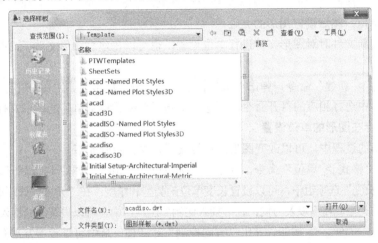

图 1-8

◎ **利用样板文件创建图形**

在"选择样板"对话框中，系统在列表框中列出了许多标准的样板文件供用户选择。选中样板文件，单击 按钮，即可在该样板文件上创建图形。用户也可直接双击列表框中的样板文件将其打开。

AutoCAD 根据绘图标准设置了相应的样板文件，其目的是为了使图纸统一，如字体、标注样式、图层等一致。根据制图标准，AutoCAD 提供的样板文件可分为 6 大类，分别为 ANSI 标准样板文件、DIN 标准样板文件、GB 标准样板文件、ISO 标准样板文件、JIS 标准样板文件和空白样板文件。

例如：要求用户绘制规格为国标 A4 的图纸，操作步骤如下。

步骤 1 单击"标准"工具栏中的"新建"按钮 ，弹出"选择样板"对话框。

步骤 2 在"选择样板"对话框中，选择以 GB_A4 开头的样板文件，其中 GB 表示该样板文件为国标，A4 表示图纸的大小。

步骤 3 单击 打开(O) 按钮，将选择的样板文件打开，然后在该样板文件中绘制图形。

◎ **从空白文件创建图形**

在"选择样板"对话框中，AutoCAD 还提供了两个空白文件，分别为 acad 与 acadiso。当需要从空白文件开始创建图形时，可以选择这两个文件。

提 示 acad 为英制，其绘图界限为 12 英寸×9 英寸；acadiso 为公制，其绘图界限为 420mm×297mm。

单击"选择样板"对话框中 打开(O) 按钮右侧的 按钮，弹出下拉菜单，如图 1-9 所示。当选择"无样板打开 - 英制"命令时，打开的是以英制为单位的空白文件；当选择"无样板打开 - 公制"命令时，打开的是以公制为单位的空白文件。

图 1-9

◎ **创建新文件时进行单位设置**

利用 AutoCAD 2010 绘制建筑工程图，一般根据建筑物体的实际尺寸来绘制图纸。这就需要选择某种度量单位作为绘图标准，才能绘制出精确的工程图，并且还需要对图形制定一个类似图纸边界的限制，使绘制的图形能够按合适的比例打印成图纸。因此，在绘制建筑工程图前需要选择绘图使用的单位，然后设置图形的界限。

可以在创建新文件时对图形文件进行单位设置，也可以在建立图形文件后，改变其默认的单位设置。

选择"文件 > 新建"命令，弹出"选择样板"对话框，单击 打开(O) 按钮右侧的 按钮，在弹出的下拉菜单中选择相应的打开命令，创建一个基于公制或英制单位的图形文件。

◎ **改变已存在图形的单位设置**

在绘制图形的过程中，可以改变图形的单位设置，操作步骤如下。

步骤 1 选择"格式 > 单位"命令，弹出"图形单位"对话框，如图 1-10 所示。

步骤 2 在"长度"选项组中，可以设置长度单位的类型和精度；在"角度"选项组中，可以设置角度单位的类型、精度以及方向；在"插入比例"选项组中，可以设置缩放插入内容的单位。

步骤 3 单击 方向(D)... 按钮，弹出"方向控制"对话框，从中可以设置基准角度，如图 1-11 所示。单击 确定 按钮，返回"图形单位"对话框。

图 1-10

图 1-11

步骤 4 单击 确定 按钮，确认文件的单位设置。

◎ **设置图形界限**

设置图形界限就是设置图纸的大小。绘制建筑工程图时，通常根据建筑物体的实际尺寸来绘制图形，因此需要设定图纸的界限。在 AutoCAD 中，设置图形界限主要是为图形确定一个图纸的边界。

建筑图纸常用的几种比较固定的图纸规格有：A0（1189mm×841mm）、A1（841mm×594mm）、A2（594mm×420mm）、A3（420mm×297mm）、A4（297mm×210mm）等。

选择"格式 > 图形界限"命令，或在命令提示窗口中输入"limits"，调用设置图形界限的命令，操作步骤如下：

命令: limits　　　　　　　　　　　　　　　　　//输入图形界限命令

重新设置模型空间界限：

指定左下角点或 [开(ON)/关(OFF)] <0.0000,0.0000>:　　//按 Enter 键

指定右上角点<420.0000,297.0000>: 10000,8000　　//输入设置数值

2. 打开图形文件

可以利用"打开"命令来浏览或编辑绘制好的图形文件。

启用命令的方法如下。

⊙ 工 具 栏："标准"工具栏中的"打开"按钮 。

⊙ 菜单命令："文件 > 打开"。

启用"打开"命令，弹出"选择文件"对话框，如图 1-12 所示。在"选择文件"对话框中，用户可通过不同的方式打开图形文件。

在"选择文件"对话框的列表框中选择要打开的文件，或者在"文件名"选项的文本框中输入要打开文件的路径与名称，单击 打开(O) 按钮，打开选中的图形文件。

单击 打开(O) 按钮右侧的 按钮，弹出下拉菜单，如图 1-13 所示。选择"以只读方式打开"命令，图形文件将以只读方式打开；选择"局部打开"命令，可以打开图形的一部分；选择"以只读方式局部打开"命令，则以只读方式打开图形的一部分。

当图形文件包含多个命名视图时，选中"选择文件"对话框中的"选择初始视图"复选框，在打开图形文件时可以指定显示的视图，如图 1-14 所示。

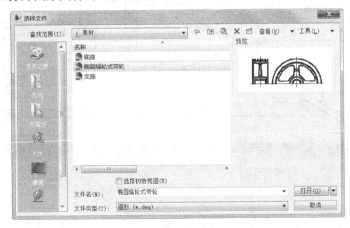

图 1-12

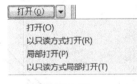

图 1-13

图 1-14

在"选择文件"对话框中单击 工具(L) 按钮，弹出下拉菜单，如图 1-15 所示。选择"查找"命令，弹出"查找"对话框，如图 1-16 所示。在"查找"对话框中，可以根据图形文件的名称、位置或修改日期来查找相应的图形文件。

3. 工作界面

AutoCAD 2010 中文版工作界面主要由"标题栏"、"绘图窗口"、"菜单栏"、"工具栏"、"命令提示窗口"、"滚动条"和"状态栏"等部分组成，如图 1-17 所示。这个工作界面中提供了比较

完善的操作环境，下面分别介绍各个部分的功能。

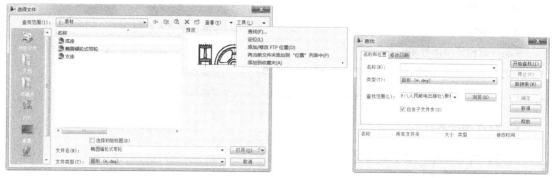

图 1-15   图 1-16

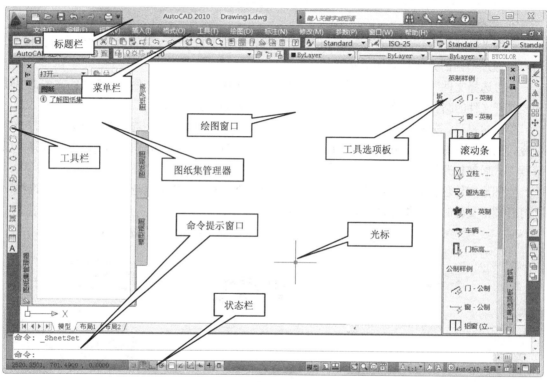

图 1-17

4. 标题栏

标题栏显示软件的名称、版本，以及当前绘制的图形文件的文件名。运行 AutoCAD 2010 时，在没有打开任何图形文件的情况下，标题栏显示的是"AutoCAD 2010- [Drawing1.dwg]"，其中"Drawing1"是系统默认的文件名，".dwg"是 AutoCAD 图形文件的后缀名。

5. 绘图窗口

绘图窗口是用户绘图的工作区域，相当于工程制图中绘图板上的绘图纸，用户绘制的图形显示于该窗口。绘图窗口的左下方显示坐标系的图标，该图标指示绘图时的正负方位，其中的"X"和"Y"分别表示 x 轴和 y 轴，箭头指示着 x 轴和 y 轴的正方向。

AutoCAD 2010 包含两种绘图环境，分别为模型空间和图纸空间。系统在绘图窗口的左下角提供了 3 个切换选项卡，如图 1-18 所示。默认的绘图环境为模型空间，单击"布局 1"或"布局 2"选项卡，绘图窗口会从模型空间切换至图纸空间。

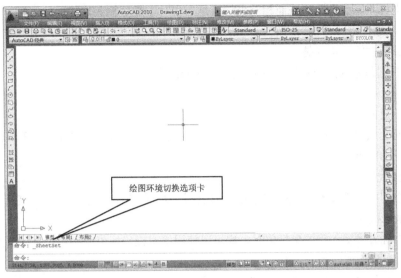

图 1-18

AutoCAD 有两个坐标系统，一个是称为世界坐标系（WCS）的固定坐标系，另一个是称为用户坐标系（UCS）的可移动坐标系。可以依据 WCS 定义 UCS。

◎ **世界坐标系**

世界坐标系（WCS）是 AutoCAD 的默认坐标系，如图 1-19 所示。在 WCS 中，x 轴为水平方向，y 轴为垂直方向，z 轴垂直于 xy 平面。原点是图形左下角 x 轴和 y 轴的交点（0,0）。图形中的任何一点都可以用相对于其原点（0,0）的距离和方向来表示。

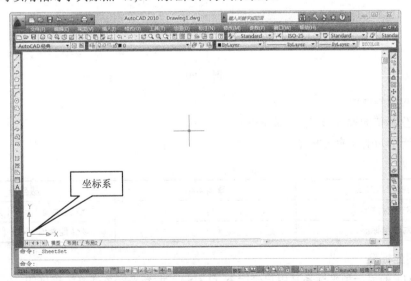

图 1-19

在世界坐标系中，AutoCAD 提供了多种坐标输入方式。

（1）直角坐标方式

在二维空间中，利用直角坐标方式输入点的坐标值时，只需输入点的 x、y 坐标值，AutoCAD 自动分配 z 坐标值为 0。

在输入点的坐标值（即 x、y 坐标值）时，可以使用绝对坐标值或相对坐标值形式。绝对坐标值是相对于坐标系原点的数值；而相对坐标值是指相对于最后输入点的坐标值。

⊙ 绝对坐标值。

绝对坐标值的输入形式是：x, y

其中，x、y 分别是输入点相对于原点的 x 坐标和 y 坐标。

⊙ 相对坐标值。

相对坐标值的输入形式是：$@x, y$

即在坐标值前面加上符号@。例如，"@10,5"表示距当前点沿 x 轴正方向 10 个单位、沿 y 轴正方向 5 个单位的新点。

（2）极坐标方式

在二维空间中，利用极坐标方式输入点的坐标值时，只需输入点的距离 r、夹角 θ，AutoCAD 自动分配 z 坐标值为 0。

利用极坐标方式输入点的坐标值时，也可以使用绝对极坐标值或相对极坐标值形式。

⊙ 绝对极坐标值。

绝对极坐标值的输入形式是：$r < \theta$

其中，r 表示输入点与原点的距离，θ 表示输入点和原点的连线与 x 轴正方向的夹角。默认情况下，逆时针为正，顺时针为负，如图 1-20 所示。

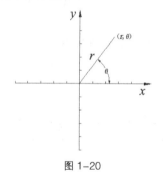

图 1-20

⊙ 相对极坐标值。

相对极坐标值的输入形式是：$@r < \theta$

表 1-1 所示为坐标输入方式。

表 1-1

坐标输入方式	直角坐标	极坐标
绝对坐标值形式	x, y	r（距离值）$< \theta$（角度值）
相对值坐标形式	$@x, y$	$@r$（距离值）$< \theta$（角度值）

◎ **用户坐标系**

AutoCAD 的另一种坐标系是用户坐标系（UCS）。世界坐标系是系统提供的，不能移动或旋转，而用户坐标系是由用户相对于世界坐标系而建立的，因此用户坐标系可以移动、旋转，用户可以设定屏幕上的任意一点为坐标原点，也可指定任何方向为 x 轴的正方向。

在用户坐标系中，输入坐标的方式与世界坐标系相同，也有 4 种输入方式（见表 1-1），但其坐标值不是相对于世界坐标系，而是相对于当前坐标系。

6. 菜单栏

菜单栏位于标题栏的下方，它集合了 AutoCAD 2010 中的所有命令。这些命令被分类放置在不同的菜单中，供用户选择使用。

AutoCAD 2010 的菜单栏包括"文件"、"编辑"、"视图"、"插入"、"格式"、"工具"、"绘图"、"标注"、"修改"、"参数"、"窗口"和"帮助"12 个菜单，如图 1-21 所示。用户只要单击其中的一个命令，即可得到该命令的子菜单。

图 1-21

选择菜单命令的方式有以下 3 种。

◎ **使用鼠标**

使用鼠标依次单击菜单中相应的命令。

◎ **使用热键**

AutoCAD 为菜单栏中的命令设置了相应的热键，这些热键用下划线标出。例如，菜单栏中的"文件（F）"、"编辑（E）"等菜单，其热键分别为 F 键、E 键。采用热键方式选择菜单的操作方法为：按下 Alt+热键，系统会打开相应的子菜单，然后按子菜单中显示的热键。

例如，用户需要选择"绘图（D）"菜单中的"直线（L）"命令时，首先按下 Alt+D 组合键，此时系统打开"绘图（D）"菜单，然后直接按下 L 键，即可选择"直线（L）"命令。

◎ **使用快捷键**

AutoCAD 为常用的命令设置了相应的快捷键，这样可以提高用户的工作效率。快捷键标在菜单命令的右侧，如图 1-22 所示。Ctrl+Z、Ctrl+X 和 Ctrl+C 分别为"放弃"、"剪切"和"复制"命令的快捷键。

例如，当用户按 Ctrl+X 快捷键时，选择"编辑"菜单中的"剪切"命令。

图 1-22

菜单命令中还会出现以下 3 种情况。

⊙ 菜单命令后出现"…"符号。

当选择带有"…"符号的菜单命令时，将会弹出相应的对话框，用户可以做进一步的设置和选择。

⊙ 菜单命令后出现"▶"符号。

当选择带有"▶"符号的菜单命令时，系统将显示下一级的子菜单。

⊙ 菜单命令以灰色显示。

当菜单命令以灰色显示时，表明该命令在当前条件下不可用。

7. 快捷菜单

为了方便用户操作，AutoCAD 提供了快捷菜单。在绘图窗口中单击鼠标右键，系统会根据当前的状态及鼠标指针的位置弹出相应的快捷菜单，如图 1-23 所示。

当用户没有选择任何命令时，快捷菜单显示的是 AutoCAD 2010 最基本的编辑命令，如"剪切"、"复制"、"粘贴"等；用户选择某个命令后，则快捷菜单显示的是该命令的所有相关命令。

例如，用户选择"圆"命令后，单击鼠标右键，系统显示的快捷菜单如图 1-24 所示。

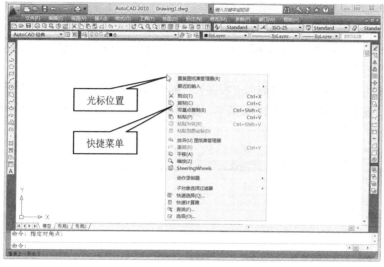

图 1-23   图 1-24

8. 工具栏

工具栏是由形象化的图标按钮组成的，它提供了选择 AutoCAD 命令的快捷方式。单击工具栏中的图标按钮，AutoCAD 即可执行相应的命令。

AutoCAD 2010 提供了 30 个工具栏。在系统默认的工作空间下显示"标准"、"对象特性"、"样式"、"工作空间"、"图层"、"绘图"、"绘图顺序"和"修改" 8 个工具栏，如图 1-25 所示。

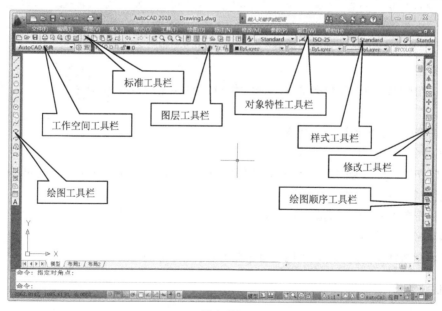

图 1-25

将鼠标指针移到某个图标按钮之上并稍作停留，系统将显示该图标按钮的名称，同时在状态栏中显示该图标按钮的功能与相应命令的名称。

◎ **打开常用工具栏**

在绘制图形的过程中可以打开一些常用的工具栏，如"标注"、"对象捕捉"等。

在任意一个工具栏上单击鼠标右键，会弹出如图1-26所示的快捷菜单。有"√"标记的命令表示其工具栏已打开。选择菜单中的命令，如"对象捕捉"、"标注"等，打开其工具栏。

将绘图过程中常用的工具栏（如"对象捕捉"、"标注"等）打开，合理地使用工具栏，可以提高工作效率。

◎ **自定义工具栏**

"自定义用户界面"对话框用来自定义工作空间、工具栏、菜单、快捷菜单和其他用户界面元素。在"自定义用户界面"对话框中，可以创建新的工具栏。例如，可以将绘图过程中常用的命令按钮放置于同一工具栏中，以满足绘图需要，提高绘图效率。

启用命令的方法如下。

⊙ 菜单命令："视图 > 工具栏"或"工具 > 自定义 > 界面"。

⊙ 命 令 行：toolbar 或 cui。

在绘图的过程中，用户可以自定义工具栏。操作步骤如下。

步骤 1 选择"工具 > 自定义 > 界面"命令，弹出"自定义用户界面"对话框，如图1-27所示。

图 1-26

图 1-27

步骤 2 在"自定义用户界面"对话框的"所有文件中的自定义设置"窗口中，选择"ACAD >

工具栏"命令。单击鼠标右键，在弹出的快捷菜单中选择"新建 > 工具栏"命令，如图 1-28 所示。输入新建的工具栏的名称为"建筑"，如图 1-29 所示。

图 1-28 图 1-29

步骤 3 在"命令列表"窗口中，单击"仅所有命令"选项，弹出下拉列表，选择"修改"选项，命令列表框会列出相应的命令，如图 1-30 所示。

步骤 4 在"命令列表"窗口中选择需要添加的命令，并按住鼠标左键不放，将其拖曳到"建筑"工具栏下，如图 1-31 所示。

图 1-30 图 1-31

步骤 5 按照自己的绘图习惯将常用的命令拖曳到"建筑"工具栏下，创建自定义的工具栏。

步骤 6 单击 确定(O) 按钮，返回绘图窗口，自定义的"建筑"工具栏如图 1-32 所示。

图 1-32

◎ **布置工具栏**

根据工具栏的显示方式，AutoCAD 2010 的工具栏可分为 3 种，即弹出式工具栏、固定式工具栏以及浮动式工具栏，如图 1-33 所示。

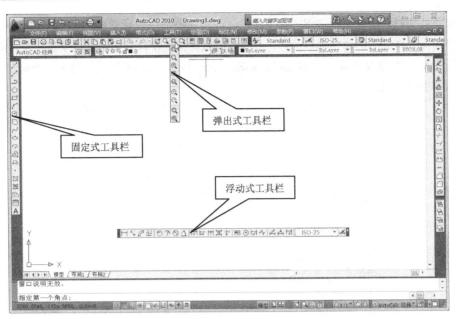

图 1-33

⊙ 弹出式工具栏。

有些图标按钮的右下角处有一个三角按钮，如 图标按钮所示。单击三角按钮并按住鼠标左键不放时，系统将显示弹出式工具栏。

⊙ 固定式工具栏。

固定式工具栏显示于绘图窗口的四周，其上部或左部有两条突起的线条。

⊙ 浮动式工具栏。

浮动式工具栏显示于绘图窗口之内。浮动式工具栏上显示其标题名称，如图 1-33 所示为"标注"工具栏。可以将浮动式工具栏拖曳到新位置、调整其大小或将其固定。

> **技 巧** 将浮动式工具栏拖曳到固定式工具栏的区域，可将其设置为固定式工具栏；反之，将固定式工具栏拖曳到浮动式工具栏的区域，可将其设置为浮动式工具栏。

调整好工具栏位置后，可将工具栏锁定。选择"窗口 > 锁定位置 > 浮动工具栏"命令，可以锁定浮动式工具栏。选择"窗口 > 锁定位置 > 固定的工具栏"命令，可以锁定固定式工具栏。

> **技 巧** 按住 Ctrl 键，单击鼠标并拖曳工具栏，可以将工具栏临时解锁并移动到需要的位置。

9. 命令提示窗口

命令提示窗口是用户与 AutoCAD 2010 进行交互式对话的位置，用于显示系统的提示信息与用户的输入信息。命令提示窗口位于绘图窗口的下方，是一个水平方向的较长的小窗口，如图 1-34 所示。

图 1-34

用户如需要调整命令提示窗口的大小，可将鼠标指针放置于命令提示窗口的上边框线，当指针变为双向箭头时，按住鼠标左键并上下移动，即可调整命令提示窗口的大小。

用户如需要详细了解命令提示信息，可以利用鼠标拖曳窗口右侧的滚动条来查看，或者按 F2 键，打开"AutoCAD 文本窗口"对话框，如图 1-35 所示，从中可以查看更多命令信息。再次按 F2 键，将关闭对话框。

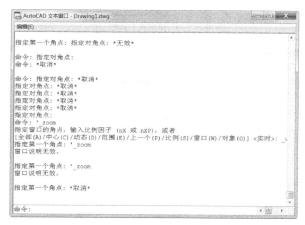

图 1-35

10. 命令的使用方法

在 AutoCAD 中，命令是系统的核心，用户执行的每一个操作都需要启用相应的命令。因此，用户有必要掌握启用命令的方法。

◎ 启用命令

单击工具栏中的按钮图标或选择菜单中的命令，可以启用相应的命令，然后进行具体操作。在 AutoCAD 中，启用命令通常有以下 4 种方法。

（1）工具按钮方式

直接单击工具栏中的按钮图标，启用相应的命令。

（2）菜单命令方式

选择菜单中的命令，启用相应的命令。

（3）命令提示窗口的命令行方式

在命令提示窗口中输入一个命令的名称，按 Enter 键启用该命令。有些命令还有相应的缩写名称，输入其简写名称也可以启用该命令。

例如：绘制一个圆时，可以输入"圆"命令的名称"CIRCLE"（大小写字母均可），也可输入其简写名称"C"。输入命令的简写名称是一种快捷的操作方法，有利于提高工作效率。

（4）快捷菜单中的命令方式

在绘图窗口中单击鼠标右键，弹出相应的快捷菜单，从中选择菜单命令，启用相应的命令。

无论以哪种方法启用命令，命令提示窗口中都会显示与该命令相关的信息，其中包含一些选项，这些选项显示在方括号 [ ] 中。如果要选择方括号中的某个选项，可在命令提示窗口中输入该选项后的数字和大写字母（输入字母时大写或小写均可）。

例如：启用"矩形"命令，命令行的信息如图 1-36 所示，如果需要选择"圆角"选项，输入"F"，按 Enter 键即可。

图 1-36

◎ **取消正在执行的命令**

在绘图过程中，可以随时按 Esc 键取消当前正在执行的命令，也可以在绘图窗口中单击鼠标右键，在弹出的快捷菜单中选择"取消"命令，取消正在执行的命令。

◎ **重复调用命令**

当需要重复执行某个命令时，可以按 Enter 键或 Space 键，也可以在绘图窗口中单击鼠标右键，在弹出的快捷菜单中选择"重复××"命令（其中××为上一步使用过的命令）。

◎ **放弃已经执行的命令**

在绘图过程中，当出现一些错误而需要取消前面执行的一个或多个操作时，可以使用"放弃"命令。

启用命令的方法如下。

⊙ 工 具 栏："标准"工具栏中的"放弃"按钮 。

例如：用户在绘图窗口中绘制了一条直线，完成后发现了一些错误，现在希望删除该直线。

步骤 1 单击"直线"按钮 ，或选择"绘图 > 直线"命令，在绘图窗口中绘制一条直线。

步骤 2 单击"放弃"按钮 ，或选择"编辑 > 放弃"命令，删除该直线。

另外，用户还可以一次性撤销前面进行的多个操作。

步骤 1 在命令提示窗口中输入"undo"，按 Enter 键。

步骤 2 系统将提示用户输入想要放弃的操作数目，如图 1-37 所示，在命令提示窗口中输入相应的数字，按 Enter 键。例如，想要放弃最近的 5 次操作，可输入"5"，然后按 Enter 键。

图 1-37

◎ **恢复已经放弃的命令**

当放弃一个或多个操作后，又想重做这些操作，将图形恢复到原来的效果，这时可以使用"重做"命令，即单击"标准"工具栏中的"重做"按钮 ，或选择"编辑 > 重做××"命令（其中××为上一步撤销操作的命令）。反复执行"重做"命令，可重做多个已放弃的操作。

11. 保存图形文件

绘制图形后，就可以对其进行保存。保存图形文件的方法有两种：一种是以当前文件名保存图形；另一种是指定新的文件名保存图形。

◎ **以当前文件名保存图形**

使用"保存"命令可采用当前文件名保存图形文件。

启用命令的方法如下。

⊙ 工具栏："标准"工具栏中的"保存"按钮 。

⊙ 菜单命令："文件 > 保存"。

选择"文件 > 保存"命令，当前图形文件将以原名称直接保存到原来的位置。若用户是第一次保存图形文件，AutoCAD 会弹出"图形另存为"对话框，用户可按需要输入文件名称，并指定保存文件的位置和类型，如图 1-38 所示。单击 保存(S) 按钮，保存图形文件。

图 1-38

◎ **指定新的文件名保存图形**

使用"另存为"命令可指定新的文件名保存图形文件。

启用命令的方法如下。

⊙ 菜单命令："文件 > 另存为"。

启用"另存为"命令，弹出"图形另存为"对话框，用户可在"文件名"的文本框中输入文件的新名称，指定文件的保存位置和类型，如图 1-39 所示。单击 保存(S) 按钮，保存图形文件。

12. 关闭图形文件

保存图形文件后，可以将窗口中的图形文件关闭。

◎ **关闭当前图形文件**

选择"文件 > 关闭"命令，或单击绘图窗口右上角的⊠按钮，可关闭当前图形文件。如果图形文件尚未保存，系统将弹出"AutoCAD"对话框，如图 1-39 所示，提示用户是否保存文件。

图 1-39

◎**退出 AutoCAD 2010**

选择"文件 > 退出"命令，或单击标题栏右侧的⊠按钮，退出 AutoCAD 2010。如果图形文件尚未保存，系统将弹出"AutoCAD"对话框，如图 1-39 所示，提示用户是否保存文件。

1.2 支座

1.2.1 【操作目的】

利用缩放视图工具、平移视图工具和鸟瞰视图命令调整支座的显示范围。（最终效果参看光盘中的"Ch01 > 效果 > 支座"，见图 1-40。）

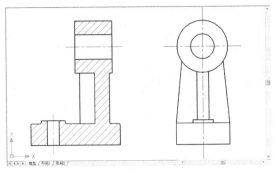

图 1-40

1.2.2 【操作步骤】

步骤 1 打开图形文件。选择"文件 > 打开"命令，打开光盘中的"Ch01 > 素材 > 支座"文件，如图 1-41 所示。

步骤 2 调整绘图窗口显示范围。单击"标准"工具栏中的"实时缩放"按钮，启用缩放功能，光标变成放大镜的形状，向左、向上拖曳鼠标，可以放大视图，如图 1-42 所示。

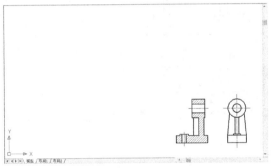

图 1-41

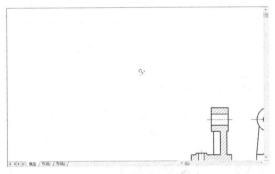

图 1-42

步骤 3 单击"标准"工具栏中的"实时平移"按钮，光标变成实时平移的图标，按住鼠标左键并向左拖曳鼠标，可平移视图来调整绘图窗口的显示区域，如图 1-43 所示。选择"视图 > 缩放 > 范围"命令，使图形能够完全显示，如图 1-44 所示。

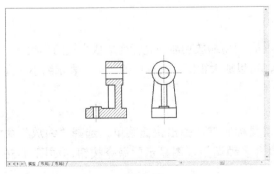

图 1-43

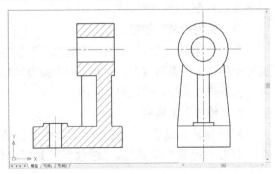

图 1-44

步骤 4 选择"视图 > 鸟瞰视图"命令，弹出"鸟瞰视图"窗口，如图 1-45 所示。在"鸟瞰视图"窗口中单击，会出现一个中间有交叉标记的矩形框，移动矩形框到适当的位置，按 Enter 键，"鸟瞰视图"窗口如图 1-46 所示，图形显示效果如图 1-47 所示。

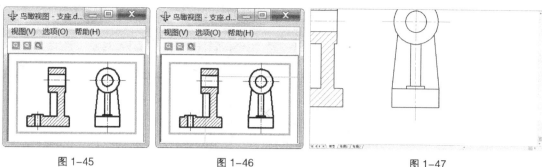

图 1-45　　　　　　　　图 1-46　　　　　　　　图 1-47

步骤 **5** 选择"视图 > 缩放 > 范围"命令，使图形完全显示。选择"视图 > 视口 > 新建视口"命令，弹出"视口"对话框，其选项设置如图 1-48 所示，单击"确定"按钮，效果如图 1-49 所示。

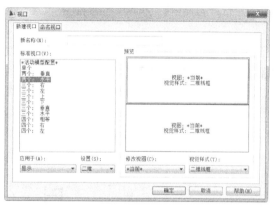

图 1-48

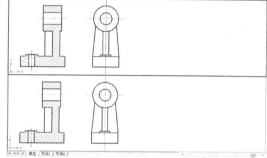

图 1-49

1.2.3　【相关工具】

1.　缩放视图

在"标准工具栏"中，AutoCAD 2010 提供了多种调整视图显示的命令。下面对各种调整视图显示的命令进行详细讲解。

◎ **"实时缩放"按钮**🔍

单击"标准"工具栏中的"实时缩放"按钮🔍，启用缩放功能，光标变成放大镜的形状🔍⁺。光标中的"＋"表示放大，向右、向上拖曳鼠标，可以放大视图；光标中的"－"表示缩小，向左、向下拖曳鼠标，可以缩小视图。

◎ **"缩放"工具栏**

将鼠标移到任意一个打开的工具栏上并单击鼠标右键，弹出快捷菜单，选择"缩放"命令，打开"缩放"工具栏。"缩放"工具栏中包含多种调整视图显示的命令按钮，如图 1-50 所示。

单击并按住"标准"工具栏中的"窗口缩放"按钮🔍，会弹出 9 种调整视图显示的命令按钮，它们和"缩放"工具栏中的按钮相同，如图 1-51 所示。下面详细介绍这些按钮的功能。

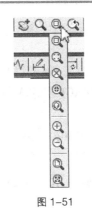

图 1-50   图 1-51

⊙ "窗口缩放" 按钮 。

选择 "窗口缩放" 按钮 ，光标会变成十字形。在需要放大图形的一侧单击，并向其对角方向移动鼠标，系统会显示出一个矩形框。将矩形框包围住需要放大的图形，单击鼠标，矩形框内的图形会被放大并充满整个绘图窗口。矩形框的中心就是新的显示中心。

在命令提示窗口中输入命令来调用此命令，操作步骤如下：

命令: '_zoom   //输入缩放命令

指定窗口的角点，输入比例因子 (nX 或 nXP)，或者

[全部(A)/中心(C)/动态(D)/范围(E)/上一个(P)/比例(S)/窗口(W) /对象(O)] <实时>: W

//选择 "窗口" 选项

指定第一个角点: 指定对角点: //绘制矩形窗口放大图形显示

⊙ "动态缩放" 按钮 。

选择 "动态缩放" 按钮 ，光标变成中心有 "×" 标记的矩形框。移动鼠标指针，将矩形框放在图形的适当位置上单击，使其变为右侧有 "→" 标记的矩形框，调整矩形框的大小，矩形框的左侧位置不会发生变化。按 Enter 键，矩形框中的图形被放大并充满整个绘图窗口，如图 1-52 所示。

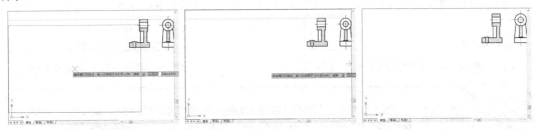

图 1-52

在命令提示窗口中输入命令来调用此命令，操作步骤如下：

命令: '_zoom   //输入缩放命令

指定窗口的角点，输入比例因子 (nX 或 nXP)，或者

[全部(A)/中心(C)/动态(D)/范围(E)/上一个(P)/比例(S)/窗口(W) /对象(O)] <实时>: D

//选择 "动态" 选项

⊙ "比例缩放" 按钮 。

选择 "比例缩放" 按钮 ，光标变成十字形。在图形的适当位置上单击并移动鼠标指针到适当比例长度的位置上，再次单击，图形被按比例放大显示。

在命令提示窗口中输入命令来调用此命令，操作步骤如下：

命令: '_zoom　　　　　　　　　　　　　　　　　　　　　　　　//输入缩放命令

指定窗口的角点，输入比例因子 (nX 或 nXP)，或者

[全部(A)/中心(C)/动态(D)/范围(E)/上一个(P)/比例(S)/窗口(W) /对象(O)] <实时>: S

　　　　　　　　　　　　　　　　　　　　　　　　　　　　　　//选择"比例"选项

输入比例因子 (nX 或 nXP): 2X　　　　　　　　　　　　　　　//输入比例数值

提　示 如果要相对于图纸空间缩放图形，就需要在比例因子后面加上字母"XP"。

⊙ "中心缩放"按钮 🔍 。

选择"中心缩放"按钮 🔍 ，光标变成十字形。在需要放大的图形中间位置单击，确定放大显示的中心点，再绘制一条垂直线段来确定需要放大显示的高度，图形将按照所绘制的高度被放大并充满整个绘图窗口，如图 1-53 所示。

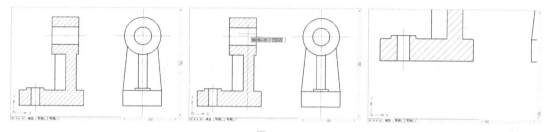

图 1-53

在命令提示窗口中输入命令来调用此命令，操作步骤如下：

命令: '_zoom　　　　　　　　　　　　　　　　　　　　　　　　//输入缩放命令

指定窗口的角点，输入比例因子 (nX 或 nXP)，或者

[全部(A)/中心(C)/动态(D)/范围(E)/上一个(P)/比例(S)/窗口(W) /对象(O)] <实时>: C

　　　　　　　　　　　　　　　　　　　　　　　　　　　　　　//选择"中心"选项

指定中心点:　　　　　　　　　　　　　　　　//单击确定放大区域的中心点的位置

输入比例或高度 <1129.0898 >: 指定第二点:　　//绘制直线指定放大区域的高度

提　示 输入高度时，如果输入的数值比当前显示的数值小，视图将进行放大显示；反之，视图将进行缩小显示。缩放比例因子的方式是输入"*nx*"，*n* 表示放大的倍数。

⊙ "缩放对象"按钮 🔍 。

选择"缩放对象"按钮 🔍 ，光标会变为拾取框。选择需要显示的图形，按 Enter 键，在绘图窗口中将按所选择的图形进行适合显示，如图 1-54 所示。

在命令提示窗口中输入命令来调用此命令，操作步骤如下：

命令: '_zoom　　　　　　　　　　　　　　　　　　　　　　　　//输入缩放命令

指定窗口的角点，输入比例因子 (nX 或 nXP)，或者

[全部(A)/中心(C)/动态(D)/范围(E)/上一个(P)/比例(S)/窗口(W)/对象(O)] <实时>: O

　　　　　　　　　　　　　　　　　　　　　　　　　　　　　　//选择"对象"选项

选择对象: 指定对角点: 找到 329 个   //显示选择对象的数量

选择对象: //按 Enter 键

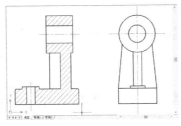 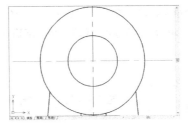

图 1-54

⊙ "放大"按钮 。

选择"放大"按钮 ，将把当前视图放大 2 倍。命令提示窗口中会显示视图放大的比例数值，操作步骤如下：

命令: '_zoom   //选择放大命令

指定窗口的角点，输入比例因子 (nX 或 nXP)，或者

[全部(A)/中心(C)/动态(D)/范围(E)/上一个(P)/比例(S)/窗口(W) /对象(O)] <实时>: 2x

        //图像被放大 2 倍进行显示

⊙ "缩小"按钮 。

选择"缩小"按钮 ，将把当前视图缩小 0.5 倍。命令提示窗口中会显示视图缩小的比例数值，操作步骤如下：

命令: '_zoom   //选择缩小命令

指定窗口的角点，输入比例因子 (nX 或 nXP)，或者

[全部(A)/中心(C)/动态(D)/范围(E)/上一个(P)/比例(S)/窗口(W) /对象(O)] <实时>: .5x

        //图像被缩小 0.5 倍进行显示

⊙ "全部缩放"按钮

选择"全部缩放"按钮 ，如果图形超出当前所设置的图形界限，绘图窗口将适合全部图形对象进行显示；如果图形没有超出图形界限，绘图窗口将适合整个图形界限进行显示。

在命令提示窗口中输入命令来调用此命令，操作步骤如下：

命令: '_zoom   //输入缩放命令

指定窗口的角点，输入比例因子 (nX 或 nXP)，或者

[全部(A)/中心(C)/动态(D)/范围(E)/上一个(P)/比例(S)/窗口(W) /对象(O)] <实时>: A

        //选择"全部"选项

⊙ "范围缩放"按钮 。

选择"范围缩放"按钮 ，绘图窗口中将显示全部图形对象，且与图形界限无关。

◎ "缩放上一个"按钮

单击"标准工具栏"中的"缩放上一个"按钮 ，将缩放显示返回到前一个视图效果。

在命令提示窗口中输入命令来调用此命令，操作步骤如下：

命令: '_zoom   //输入缩放命令

指定窗口的角点，输入比例因子 (nX 或 nXP)，或者

[全部(A)/中心(C)/动态(D)/范围(E)/上一个(P)/比例(S)/窗口(W) /对象(O)] <实时>: P

中等职业教育数字艺术类规划教材

命令: '_zoom   //选择"上一个"选项

//按 Enter 键

指定窗口的角点，输入比例因子 (nX 或 nXP)，或者

[全部(A)/中心(C)/动态(D)/范围(E)/上一个(P)/比例(S)/窗口(W) /对象(O)] <实时>: P

//选择"上一个"选项

 技 巧　连续进行视图缩放操作后，如需要返回上一个缩放的视图效果，可以单击放弃按钮 进行返回操作。

2. 平移视图

在绘制图形的过程中使用平移视图功能，可以更便捷地观察和编辑图形。

启用命令的方法如下。

⊙ 工 具 栏："标准"工具栏中的"实时平移"按钮。

启用"实时平移"命令，光标变成实时平移的图标，按住鼠标左键并拖曳鼠标，可平移视图来调整绘图窗口的显示区域。

命令: '_pan   //选择实时平移命令

按 Esc 键或 Enter 键退出，或单击右键显示快捷菜单。   //退出平移状态

3. 鸟瞰视图

鸟瞰视图功能可提供一个与绘图窗口分离的独立窗口来观察图形，这样便于观察整幅图形。

启用命令的方法如下。

⊙ 菜单命令："视图 > 鸟瞰视图"。

启用"鸟瞰视图"命令观察图形的操作步骤如下。

步骤 1 打开光盘中的"Ch01 > 素材 > 支座"文件。

步骤 2 选择"视图 > 鸟瞰视图"命令，弹出"鸟瞰视图"窗口，当前视口中显示在视图边界的粗线矩形框被称为视图框，如图 1-55 所示。通过改变视图框可以改变图形中的视图显示部分。放大图形显示时，视图框会缩小；缩小图形显示时，视图框会放大。用鼠标左键可以执行所有平移和缩放操作。

步骤 3 在"鸟瞰视图"窗口中单击，会出现一个中间有交叉标记的矩形框，如图 1-56 所示，它表明图形处于平移状态。移动鼠标，矩形框将跟随鼠标指针移动，通过移动矩形框可以观察图形各个部位的效果。

图 1-55

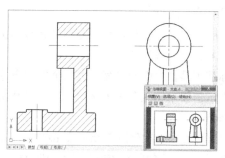

图 1-56

步骤 4 移动矩形框到适当的位置后单击，矩形框中间的交叉标记会变为矩形框右侧的箭头标记，它表明图形处于缩放状态。向左移动鼠标，矩形框缩小并放大显示视图；向右移动鼠标，矩形框放大并缩小显示视图。按 Enter 键，即可确认视图框的大小及绘图窗口的图形显示，如图 1-57 所示。

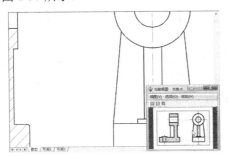 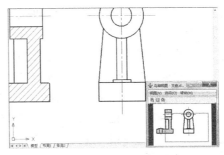

图 1-57

4. 命名视图

在绘图的过程中，常会用到"缩放上一个"工具 ，返回到前一个视图显示状态。如果要返回到特定的视图显示，并且常常会切换到这个视图时，就无法使用该工具来完成了。如果绘制的是复杂的大型建筑设计图，使用缩放和平移工具来寻找想要显示的图形，会花费大量的时间。使用"命名视图"命令来命名所需要显示的图形，并在需要的时候根据图形的名称来恢复图形的显示，就可以轻松地解决这些问题。

启用命令的方法如下。

⊙ 菜单命令："视图 > 命名视图"。

选择"视图 > 命名视图"命令，弹出"视图管理器"对话框，如图 1-58 所示。在对话框中可以保存、恢复以及删除命名的视图，也可以改变已有视图的名称和查看视图的信息。

◎ **保存命名视图**

步骤 1 在"视图"对话框中单击 新建(N)... 按钮，弹出"新建视图"对话框，如图 1-59 所示。

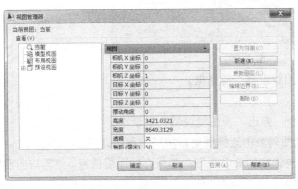 

图 1-58　　　　　　　　　　　　　　　　图 1-59

步骤 2 在"视图名称"选项的文本框中输入新建视图的名称。

步骤 3 设置视图的类别，如立视图或剖视图。用户可以从下拉列表中选择一个视图类别，输入新的类别或保留此选项为空。

步骤 4 如果只想保存当前视图的某一部分，可以选择"定义窗口"单选项。单击"定义视图窗口"按钮🖳，可以在绘图窗口中选择要保存的视图区域。若选择"当前显示"单选项，AutoCAD将自动保存当前绘图窗口中显示的视图。

步骤 5 选择"将图层快照与视图一起保存"复选框，可以在视图中保存当前图层设置。同时也可以设置"UCS"、"活动截面"和"视觉样式"。

步骤 6 在"背景"选项组中，在"类型"选项的下拉列表中选择背景颜色的类型（默认、纯色、渐变色、图像、阳光与天光），在弹出的"背景"对话框中进行设置，设置完成后，单击"确定"按钮 确定 ，返回到"新建视图/快照特性"对话框。

步骤 7 单击 确定 按钮，返回"视图管理器"对话框。

步骤 8 单击 确定 按钮，关闭"视图管理器"对话框。

◎ **恢复命名视图**

在绘图过程中，如果需要回到指定的某个视图，则可以将该命名视图恢复。

步骤 1 选择"视图 > 命名视图"命令，弹出"视图管理器"对话框。

步骤 2 在"视图管理器"对话框的视图列表中选择要恢复的视图。

步骤 3 单击 置为当前(C) 按钮。

步骤 4 单击 确定 按钮，关闭"视图"对话框。

◎ **改变命名视图的名称**

步骤 1 选择"视图 > 命名视图"命令，弹出"视图管理器"对话框。

步骤 2 在"视图管理器"对话框的视图列表中选择要重命名的视图。

步骤 3 在中间的"基本"栏中，选中要命名的视图名称，然后输入视图的新名称菜单命令，如图 1-60 所示。

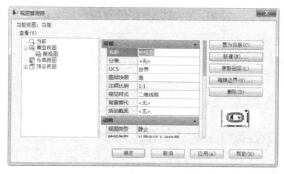

图 1-60

步骤 4 单击 确定 按钮，关闭"视图管理器"对话框。

◎ **更新视图图层**

步骤 1 选择"视图 > 命名视图"命令，弹出"视图管理器"对话框。

步骤 2 在"视图管理器"对话框的视图列表中选择要更新图层的视图。

步骤 3 单击 更新图层(L) 按钮，更新与选定的命名视图一起保存的图层信息，使其与当前模型空间和布局视口中的图层可见性匹配。

步骤 4 单击 确定 按钮，关闭"视图管理器"对话框。

◎ **编辑视图边界**

步骤 1 选择"视图 > 命名视图"命令，弹出"视图管理器"对话框。

步骤 2 在"视图管理器"对话框的视图列表中选择要编辑边界的视图。

步骤 3 单击 编辑边界(B)... 按钮，居中并缩小显示选定的命名视图，绘图区域的其他部分以较浅的颜色显示，以显示出命名视图的边界。可以重复指定新边界的对角点，并按 Enter 键确定。

步骤 4 单击 确定 按钮，关闭"视图管理器"对话框。

◎ 删除命名视图

不再需要某个视图时，可以将其删除。

步骤 1 选择"视图 > 命名视图"命令，弹出"视图管理器"对话框。

步骤 2 在"视图管理器"对话框的视图列表中选择要删除的视图。

步骤 3 单击 删除(D) 按钮，将视图删除。

步骤 4 单击 确定 按钮，关闭"视图管理器"对话框。

5. 平铺视图

使用模型空间绘图时，一般情况下都是在充满整个屏幕的单个视口中进行的。如果需要同时显示一幅图的不同视图，可以利用平铺视图功能，将绘图窗口分成几个部分。这时，屏幕上会出现多个视口。

启用命令的方法如下。

⊙ 菜单命令："视图 > 视口 > 新建视口"。

选择"视图 > 视口 > 新建视口"命令，弹出"视口"对话框，如图 1-61 所示。在"视口"对话框中，可以根据需要设置多个视口，进行平铺视图的操作。

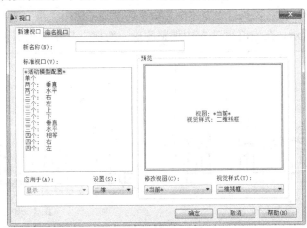

图 1-61

"视口"对话框中各选项的功能如下。

⊙ "新名称"文本框：可以在文本框中输入新建视口的名称。

⊙ "标准视口"列表框：可以在此列表中选择需要的标准视口样式。

⊙ "应用于"下拉列表：如果要将所选择的设置应用到当前视口中，可在下拉列表中选择"当前视口"选项；如果要将所选择的设置应用到整个模型空间，可在下拉列表中选择"显示"选项。

⊙ "设置"下拉列表：在进行二维图形操作时，可以在该下拉列表中选择"二维"选项；如果是进行三维图形操作，可以在该下拉列表中选择"三维"选项。

⊙ "预览"窗口：在"标准视口"列表框中选择所需设置后，可以通过该窗口预览平铺视口的样式。

⊙ "修改视图"下拉列表：当在"设置"下拉列表中选择"三维"选项时，可以在该下拉列表内选择定义各平铺视口的视角；而在"设置"下拉列表中选择"二维"选项时，该下拉列表内只有"当前"一个选项，即选择的平铺样式内都将显示同一个视图。

⊙ "视图样式"下拉列表：可以通过该窗口调整视图的显示方式。

6. 重生成视图

使用 AutoCAD 2010 所绘制的图形是非常精确的，但是为了提高显示速度，系统常常将曲线图形以简化的形式进行显示，如使用连续的折线来表示平滑的曲线。如果要将图形的显示恢复到平滑的曲线，可以使用如下几种方法。

◎ **重生成**

使用"重生成"命令，可以在当前视口中重生成整个图形并重新计算所有图形对象的屏幕坐标，优化显示和对象选择性能。

启用命令的方法如下。

⊙ 菜单命令："视图 > 重生成"。

使用"重生成"命令更新曲线显示的操作步骤如下。

步骤 1 打开"Ch01 > 素材 > 沙发"文件。

步骤 2 选择"视图 > 视口 > 新建视口"命令，弹出"视口"对话框，在"标准视口"列表框中选择"两个：垂直"选项，单击 确定 按钮，返回绘图区域。绘图区域出现两个垂直的视口，如图 1-62 所示。

步骤 3 单击视口 A，激活要执行"重生成"命令的视口，启用"重生成"命令，图形重生成的效果如图 1-63 所示。在当前视口 A 中调整图形，而视口 B 中的图形未改变。

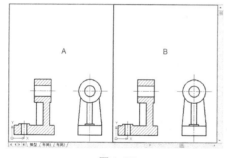

图 1-62

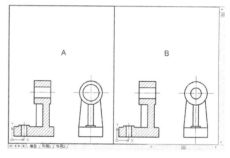

图 1-63

技巧 使用"实时缩放"工具 或"实时平移"工具 改变视图显示时，当缩放或平移到一定位置时，就不能再继续操作了，这时缩放光标会变为 或 ，平移光标会变为 。启用"重生成"命令，可以继续进行缩放或平移操作。

◎ **全部重生成**

"全部重生成"命令与"重生成"命令的功能基本相同，不同的是"全部重生成"命令可以在所有视口中重生成图形并重新计算所有图形对象的屏幕坐标，优化显示和对象选择性能。

启用命令的方法如下。

⊙ 菜单命令："视图 > 全部重生成"。

⊙ 命 令 行：rea（regenall）。

使用"全部重生成"命令来更新如图 1-63 所示的曲线显示,视口 A、B 内的图形会全部重新生成显示,两个视口内的曲线图形都变得很平滑,效果如图 1-64 所示。

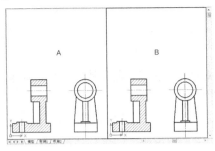

图 1-64

◎ **设置系统的显示精度**

通过对系统显示精度的设置,可以控制圆、圆弧、椭圆和样条曲线的外观,该功能可用于重生成更新的图形,并使圆的外观平滑。

启用命令的方法如下。

⊙ 菜单命令:"工具 > 选项"。

⊙ 命 令 行:viewres。

选择"工具 > 选项"命令,弹出"选项"对话框,单击"显示"选项卡,如图 1-65 所示。

在对话框右侧的"显示精度"选项组中,在"圆弧和圆的平滑度"选项前面的数值框中输入数值可以控制系统的显示精度,默认数值为 1000,有效的输入范围为 1~20 000。数值越大,系统显示的精度就越高,但是相对的显示速度就越慢。单击 确定 按钮,完成系统显示精度设置。

输入命令进行设置与在"选项"对话框中的设置结果相同。增大缩放百分比数值,会重生成更新的图形,并使圆的外观平滑;减小缩放百分比数值则会有相反的效果。增大缩放百分比数值可能会增加重生成图形的时间。

在命令提示窗口中输入命令来调用此命令,操作步骤如下:

命令: viewres   //输入快速缩放命令

是否需要快速缩放? [是(Y)/否(N)] < >: Y   //选择选项"是"

输入圆的缩放百分比 (1-20000) <1000>: 10000   //输入缩放百分比数值

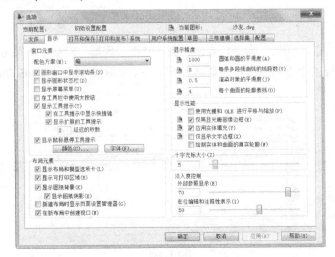

图 1-65

1.3 / 底座

1.3.1 【操作目的】

利用"图层特性管理器"对话框、块编辑器和特性工具栏制作底座。（最终效果参看光盘中的"Ch01 > 效果 > 底座"，见图 1-66。）

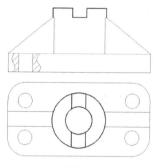

图 1-66

1.3.2 【操作步骤】

步骤 1 打开图形文件。选择"文件 > 打开"命令，打开光盘中的"Ch01 > 素材 > 底座"文件，如图 1-67 所示。在绘图窗口中，连续单击需要的图形对象，如图 1-68 所示。

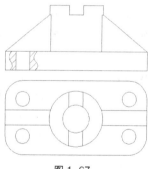

图 1-67

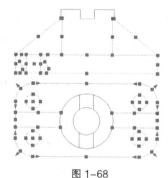

图 1-68

步骤 2 选择"格式 > 图层"命令，弹出"图层特性管理器"对话框，单击"新建图层"按钮，在图层列表中添加新图层，并输入图层名称，如图 1-69 所示。按 Enter 键，确定新图层的名称。

图 1-69

步骤 3 在"图层特性管理器"对话框中，单击列表中的"颜色"图标■ 白，弹出"选择颜色"
对话框，选择需要的颜色，如图 1-70 所示。单击 确定 按钮，返回"图层特性管理器"
对话框，在图层列表中显示出新设置的图标颜色，如图 1-71 所示，单击"确定"按钮。

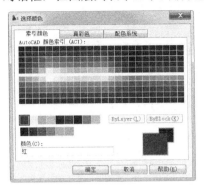

图 1-70

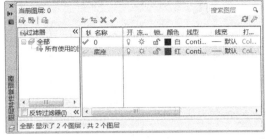

图 1-71

步骤 4 在绘图窗口中，单击需要的图形对象，如图 1-72 所示。单击鼠标右键弹出快捷菜单，
如图 1-73 所示，选择"块编辑器"命令，按 Ctrl+A 组合键选取所有图形，如图 1-74 所示。

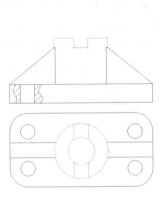

图 1-72

图 1-73

图 1-74

步骤 5 单击"特性"工具栏中的"颜色控制"列表框，打开"颜色控制"下拉列表，选择需要
的颜色，如图 1-75 所示，图形对象的颜色被修改。单击"线型控制"列表框，打开"线型
控制"下拉列表，选择需要的线型，如图 1-76 所示，图形对象的线型被修改。

图 1-75

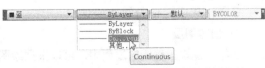

图 1-76

步骤 6 再次单击"线宽控制"列表框，打开"线宽控制"下拉列表，选择需要的线宽，如图
1-77 所示，按 Esc 键取消图形对象的选择状态。单击属性栏中"关闭块编辑器"按钮
关闭块编辑器(C)，弹出对话框如图 1-78 所示，单击"将更改保存到圆筒"选项，图形效果如图
1-79 所示。

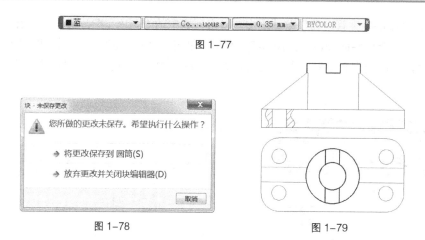

图 1-77

图 1-78

图 1-79

1.3.3 【相关工具】

1. 图层的基本操作

绘制建筑工程图时，为了方便管理和修改图形，需要将特性相似的对象绘制在同一图层上。例如，将建筑工程图中的墙体线绘制在"墙体"图层，将所有的尺寸标注绘制在"尺寸标注"图层。

"图层特性管理器"对话框可以对图层进行设置和管理，如图 1-80 所示。在"图层特性管理器"对话框中，可以显示图层的列表及其特性设置，也可以添加、删除和重命名图层，修改图层特性或添加说明。图层过滤器用于控制在列表中显示哪些图层，并可同时对多个图层进行修改。

图 1-80

启用命令的方法如下。

⊙ 工 具 栏："图层"工具栏中的"图层特性管理器"按钮。

⊙ 菜单命令："格式 > 图层"。

⊙ 命 令 行：layer。

◎ 创建图层

在绘制建筑工程图的过程中，可以根据绘图需要来创建图层。

创建图层的操作步骤如下。

步骤 1 选择"格式 > 图层"命令，或单击"图层"工具栏中的"图层特性管理器"按钮，弹出"图层特性管理器"对话框。

步骤 2 在"图层特性管理器"对话框中，单击"新建图层"按钮。

步骤 3 系统将在图层列表中添加新图层，其默认名称为"图层 1"，并且蓝色显示，如图 1-81 所示。在名称栏中输入图层的名称，按 Enter 键确定新图层的名称。

步骤 4 使用相同的方法可以创建更多的图层。设置好后关闭"图层特性管理器"对话框。

图 1-81

图层的名称最多为 225 个字符，可以是数字、汉字、字母等。有些符号是不能使用的，如","、">"、"<"等。为了区别不同的图层，应该为每个图层设定不同的图层名称。在许多建筑工程图中，图层的名称不使用汉字，而是采用阿拉伯数字或英文缩写形式表示。用户还可以用不同的颜色表示不同的元素，如表 1-2 所示。

表 1-2

图层名称	颜色	内容
2	黄	建筑结构线
3	绿	虚心、较为密集的线
4	湖蓝	轮廓线
7	白	其余各种线
DIM	绿	尺寸标注
BH	绿	填充
TEXT	绿	文字、材料标注线

◎ **删除图层**

在绘制图形的过程中，为了减少图形所占文件空间，可以删除不使用的图层。

删除图层的操作步骤如下。

步骤 1 单击"图层"工具栏中的"图层特性管理器"按钮，弹出"图层特性管理器"对话框。

步骤 2 在"图层特性管理器"对话框的图层列表中选择要删除的图层，单击"删除图层"按钮删除图层，如图 1-82 所示。

图 1-82

 提 示 系统默认的"0"图层，包含图形对象的层。当前图层以及使用外部参照的图层是不能被删除的。

在"图层特性管理器"对话框的图层列表中，图层名称前状态图标的含义是："🔵（蓝色）"表示图层中包含图形对象；"⚪（灰色）"表示图层中不包含图形对象。

◎ **设置图层的名称**

在 AutoCAD 中，图层名称默认为"图层 1"、"图层 2"、"图层 3"等，在绘制图形的过程中，可以对图层进行重新命名。

设置图层名称的操作步骤如下。

步骤 1 单击"图层"工具栏中的"图层特性管理器"按钮🔲，弹出"图层特性管理器"对话框。

步骤 2 在"图层特性管理器"对话框的列表中，选择需要重新命名的图层。

步骤 3 单击该图层的名称或按 F2 键，使之变为文本编辑状态，如图 1-83 所示。输入新的名称，按 Enter 键确认新设置的图层名称。

图 1-83

◎ **设置图层的颜色**

图层的默认颜色为"白色"。为了区别每个图层，应该为每个图层设置不同的颜色。在绘制图形时，可以通过设置图层的颜色来区分不同种类的图形对象。在打印图形时，针对某种颜色指定一种线宽，则此颜色所有的图形对象都会以同一线宽进行打印。用颜色代表线宽可以减少存储量，提高显示效率。

AutoCAD 2010 系统中提供了 256 种颜色，通常在设置图层的颜色时，都会采用 7 种标准颜色，即红色、黄色、绿色、青色、蓝色、紫色和白色。这 7 种颜色区别较大又带有名称，所以便于识别和调用。

设置图层颜色的操作步骤如下。

步骤 1 单击"图层"工具栏中的"图层特性管理器"按钮🔲，弹出"图层特性管理器"对话框，单击列表中需要改变颜色的图层的"颜色"图标███白，弹出"选择颜色"对话框，如图 1-84 所示。

步骤 2 从颜色列表中选择适合的颜色，此时"颜色"选项的文本框将显示颜色的名称，如图 1-84 所示。

步骤 3 单击 确定 按钮，返回"图层特性管理器"对话框，图层列表中会显示新设置的颜色，如图 1-85 所示。使用相同的方法可以设置其他图层的颜色。单击 确定 按钮，所有在这个图层上绘制的图形都会以设置的颜色来显示。

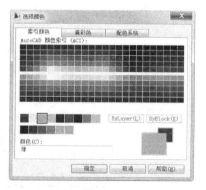

图 1-84

图 1-85

◎ **设置图层的线型**

图层的线型用来表示图层中图形线条的特性，通过设置图层的线型可以区分不同对象所代表的含义和作用，默认的线型设置为"Continuous"。

设置图层线型的操作步骤如下。

步骤 `1` 单击"图层"工具栏中的"图层特性管理器"按钮，弹出"图层特性管理器"对话框，在列表中单击图层的"线型"图标 Continuous，弹出"选择线型"对话框，如图 1-86 所示。线型列表显示默认的线型设置，单击 加载(L)... 按钮，弹出"加载或重载线型"对话框，选择适合的线型样式，如图 1-87 所示。

图 1-86

图 1-87

步骤 `2` 单击 确定 按钮，返回"选择线型"对话框，所选择的线型就显示在线型的列表中，单击所加载的线型，如图 1-88 所示。

步骤 `3` 单击 确定 按钮，返回"图层特性管理器"对话框。图层列表将显示新设置的线型，如图 1-89 所示。使用相同的方法可以设置其他图层的线型。所有在这个图层上绘制的图形都会以设置的线型来显示。

图 1-88

图 1-89

◎ **设置图层的线宽**

图层的线宽设置会应用到此图层的所有图形对象，用户可以在绘图窗口中选择显示或不显示线宽。

在工程图中，粗实线一般为 0.3～0.6mm，细实线一般为 0.13～0.25mm，具体情况可以根据图纸的大小来确定。通常在 A4 纸中，粗实线可以设置为 0.3mm，细实线可以设置为 0.13mm；在 A0 纸中，粗实线可以设置为 0.6mm，细实线可以设置为 0.25mm。

设置图层线宽的操作步骤如下。

步骤 1 单击"图层"工具栏中的"图层特性管理器"按钮，弹出"图层特性管理器"对话框。在列表中单击图层的"线宽"图标 —— 默认，弹出"线宽"对话框，在线宽列表中选择需要的线宽，如图 1-90 所示。

步骤 2 单击 确定 按钮，返回"图层特性管理器"对话框，图层列表将显示新设置的线宽，如图 1-91 所示。使用相同的方法可以设置其他图层的线宽。

图 1-90

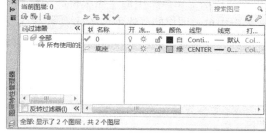

图 1-91

显示图形的线宽有以下两种方法。

⊙ 利用"状态栏"中的 田 按钮。

单击"状态栏"中的 田 按钮，可以切换屏幕中线宽的显示。当按钮处于灰色状态时，不显示线宽；当按钮处于蓝色状态时，显示线宽。

⊙ 利用菜单命令。

选择"格式 > 线宽"命令，弹出"线宽设置"对话框，如图 1-92 所示。用户可设置系统默认的线宽和单位。选择"显示线宽"复选框，单击 确定 按钮，在绘图窗口显示线宽设置；若取消选择"显示线宽"复选框，则不显示线宽设置。

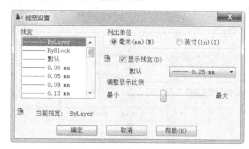

图 1-92

◎ **打开/关闭图层**

打开状态的图层是可见的，关闭状态的图层是不可见的，且不能被编辑或打印。当图形重新生成时，被关闭的图层将一起被生成。

打开/关闭图层有以下两种方法。

◎ 利用"图层特性管理器"对话框。

单击"图层"工具栏中的"图层特性管理器"按钮，弹出"图层特性管理器"对话框，在对话框中的"图层"列表中，单击图层的图标 💡 或 💡，切换图层的打开/关闭状态。当图标为 💡（黄色）时，表示图层被打开；当图标为 💡（蓝色）时，表示图层被关闭。

如果关闭的图层是当前图层，系统将弹出"AutoCAD"提示框，如图 1-93 所示。

◎ 利用"图层"工具栏。

单击"图层"工具栏中的图层列表，弹出图层信息下拉列表，单击图标 💡 或 💡，如图 1-94 所示，切换图层的打开/关闭状态。

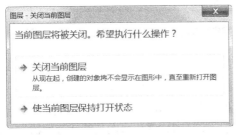

图 1-93

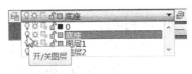

图 1-94

◎ **冻结/解冻图层**

冻结图层可以减少复杂图形重新生成时的显示时间，并且可以加快绘图、缩放、编辑等命令的执行速度。处于冻结状态图层上的图形对象将不能被显示、打印或重生成。解冻图层将重新生成并显示该图层上的图形对象。

冻结/解冻图层有以下两种方法。

◎ 利用"图层特性管理器"对话框。

单击"图层"工具栏中的"图层特性管理器"按钮，弹出"图层特性管理器"对话框，在对话框中的"图层"列表中，单击图层的图标 ❄ 或 ☀，切换图层的冻结/解冻状态。当图标为 ☀ 时，表示图层处于解冻状态；当图标为 ❄ 时，表示图层处于冻结状态。

提 示 当前图层是不能被冻结的。

◎ 利用"图层"工具栏。

单击"图层"工具栏中的图层列表，弹出图层信息下拉列表，单击图标 ❄ 或 ☀，如图 1-95 所示，切换图层的冻结/解冻状态。

图 1-95

注 意 解冻一个图层将引起整个图形重新生成，而打开一个图层则只是重画这个图层上的对象，因此如果需要频繁地改变图层的可见性，应使用关闭而不应使用冻结。

◎ **解锁/锁定图层**

锁定图层中的对象不能被编辑和选择。解锁图层可以将图层恢复为可编辑和选择的状态。

图层的锁定/解锁有以下两种方法。

⊙ 利用"图层特性管理器"对话框。

单击"图层"工具栏中的"图层特性管理器"按钮 ，弹出"图层特性管理器"对话框，在对话框中的"图层"列表中，单击图层的图标 或 ，切换图层的解锁/锁定状态。图标为 时，表示图层处于解锁状态；图标为 时，表示图层处于锁定状态。

⊙ 利用"图层"工具栏。

单击"图层"工具栏中的图层列表，弹出图层信息下拉列表，单击图标 或 ，如图 1-96 所示，切换图层的解锁/锁定状态。

图 1-96

 提　示　被锁定的图层是可见的，用户可以查看、捕捉锁定图层上的对象，还可在锁定图层上绘制新的图形对象。

◎ **打印/不打印图层**

当指定一个图层不打印后，该图层上的对象仍是可见的。

单击"图层"工具栏中的"图层特性管理器"按钮 ，弹出"图层特性管理器"对话框，在对话框中的"图层"列表中，单击图层的图标 或 ，切换图层的打印/不打印状态。图标为 时，表示图层处于打印状态；图标为 时，表示图层处于不打印状态。

 提　示　图层的不打印设置只对图形中可见的图层（即图层是打开的并且是解冻的）有效。若图层设置为可打印但该层是冻结的或关闭的，此时 AutoCAD 将不打印该图层。

◎ **设置图层为当前图层**

设置图层为当前图层有以下两种方法。

⊙ 利用"图层特性管理器"对话框。

单击"图层"工具栏中的"图层特性管理器"按钮 ，弹出"图层特性管理器"对话框，在对话框中的"图层"列表中，单击要设置为当前图层的图层，然后双击状态栏中的图标，或单击"置为当前"按钮 ，或按 Alt+C 组合键，使状态栏的图标变为当前图层图标 ，如图 1-97 所示。关闭对话框，"图层"工具栏的下拉列表中会显示当前图层的设置。

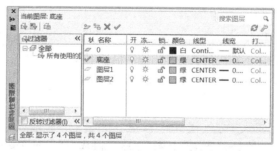

图 1-97

 注　意　在"图层特性管理器"对话框中，对当前图层的特性进行设置后，再建立新图层时，新图层的特性将复制当前选中图层的特性。

⊙ 利用"图层"工具栏。

在绘图窗口中不选取任何对象的情况下，在"图层"工具栏的下拉列表中选择要设置为当前图层的图层，如图1-98所示。

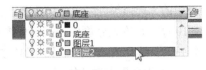

图 1-98

◎ 设置对象图层为当前图层

在绘图窗口中，选择已经设置图层的对象，然后在"图层"工具栏中单击"将对象的图层置为当前"按钮 ，使该对象所在图层成为当前图层。

先单击"图层"工具栏中的"将对象的图层置为当前"按钮 ，命令提示窗口中出现"选择将使其图层成为当前图层的对象:"，此时选择相应的图形对象，即可将该对象所在的图层设置为当前图层。

◎ 返回上一个图层

在"图层"工具栏中单击"上一个图层"按钮 ，系统会按照设置的顺序，自动重置上一次，并将其设置为当前的图层。

2. 设置图层对象属性

在绘图过程中，需要特意指定一个图形对象的颜色、线型及线宽时，则应单独设置该图形对象的颜色、线型及线宽。

通过系统提供的"特性"工具栏可以方便地设置对象的颜色、线型及线宽特性。默认情况下，工具栏中的"颜色控制"、"线型控制"和"线宽控制"3 个下拉列表中都显示"ByLayer"，如图 1-99 所示。"ByLayer"表示所绘制对象的颜色、线型和线宽特性与当前图层所设定的特性完全相同。

颜色控制　　　线型控制　　　线宽控制

图 1-99

注意　在不需要特意指定某一图形对象的颜色、线型及线宽的情况下，不要随意设置对象的颜色、线型和线宽，否则不利于管理和修改图层。

◎ 设置图形对象颜色

设置图形对象颜色的操作步骤如下。

步骤 1　在绘图窗口中选择需要改变颜色的一个或多个图形对象。

步骤 2　单击"特性"工具栏中"颜色控制"列表框，打开"颜色控制"下拉列表，如图 1-100所示。从该列表中选择需要的颜色，图形对象的颜色即被修改。按 Esc 键，取消图形对象的选择状态。

图 1-100

如果需要选择其他颜色，可以选择"颜色控制"下拉列表中的"选择颜色"选项，弹出"选择颜色"对话框，如图1-101所示。在对话框中选择一种需要的颜色，单击 确定 按钮，新选择的颜色出现在"颜色控制"下拉列表中。

图 1-101

◎ **设置图形对象线型**

设置图形对象线型的操作步骤如下。

步骤 1 在绘图窗口中选择需要改变线型的一个或多个图形对象。

步骤 2 单击"特性"工具栏"线型控制"列表框，打开"线型控制"下拉列表，如图1-102所示。从该列表中选择需要的线型，图形对象的线型即被修改。按Esc键，取消图形对象的选择状态。

图 1-102

如果需要选择其他的线型，可选择"线型控制"下拉列表中的"其他"选项，弹出"线型管理器"对话框，如图1-103所示。单击对话框中的 加载(L)... 按钮，弹出"加载或重载线型"对话框，如图1-104所示。在"可用线型"列表框中选中一个或多个线型，如图1-105所示。单击 确定 按钮，返回"线型管理器"对话框，选中的线型会出现在"线型管理器"对话框的列表框中。再次将其选中，如图1-106所示，单击 确定 按钮，新选择的线型会出现在"线型控制"下拉列表中。

图 1-103

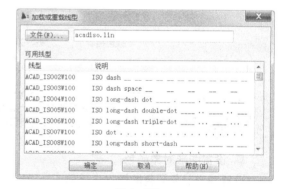

图 1-104

图 1-105

图 1-106

◎ **设置图形对象线宽**

设置图形对象线宽的操作步骤如下。

步骤 1 在绘图窗口中选择需要改变线宽的一个或多个图形对象。

步骤 2 单击"特性"工具栏中"线宽控制"列表框，打开"线宽控制"下拉列表，如图 1-107 所示。从该列表中选择需要的线宽，即可修改图形对象的线宽。按 Esc 键，取消图形对象的选择状态。

图 1-107

 提 示　单击状态栏中的 + 按钮，使其处于凹下状态，打开线宽显示开关，显示出新设置的图形对象的线宽；再次单击 + 按钮，使其处于凸起状态，关闭线宽显示开关。

◎ **修改图形对象所在的图层**

在 AutoCAD 中，可以修改图形对象所在的图层，修改方法有以下两种。

⊙ 利用"图层"工具栏。

步骤 1 在绘图窗口中选择需要修改图层的图形对象。

步骤 2 打开"图层"工具栏的下拉列表，从中选择新的图层。

步骤 3 按 Esc 键完成操作，此时图形对象将放置到新的图层上。

⊙ 利用"对象特性管理器"对话框。

步骤 1 在绘图窗口中双击图形对象，打开"对象特性管理器"对话框，如图 1-108 所示。

步骤 2 选择"基本"选项组中的"图层"选项，打开"图层"下拉列表，如图 1-109 所示，从中选择新的图层。

步骤 3 关闭"对象特性管理器"对话框，此时图形对象将放置到新的图层上。

图 1-108

图 1-109

◎ **设置线型的全局比例因子**

改变全局线型的比例因子，AutoCAD 将重生成图形，这将影响图形文件中所有非连续线型的外观。

改变全局线型的比例因子，有以下 3 种方法。

⊙ 设置系统变量 LTSCALE。

设置全局线型比例因子的命令为：lts（ltscale），当系统变量 LTSCALE 的值增加时，非连续线的短横线及空格加长；反之则缩短，如图 1-110 所示。操作步骤如下：

命令: lts   //输入线型比例命令
LTSCALE 输入新线型比例因子 <1.0000>: 2   //输入新的数值
正在重生成模型。   //系统重生成图形

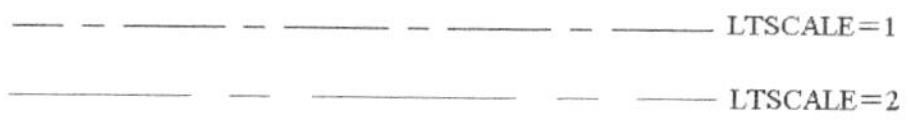

```
— —  —  —  —  —  —  —  —  —  —     LTSCALE=1
———  —  —  —  —  —  —  —  —      LTSCALE=2
```

图 1-110

⊙ 利用菜单命令。

步骤 1 选择"格式 > 线型"命令，弹出"线型管理器"对话框。

步骤 2 在"线型管理器"对话框中单击 显示细节(D) 按钮，在对话框的底部弹出"详细信息"选项组，同时按钮变为 隐藏细节(D) ，如图 1-111 所示。

步骤 3 在"全局比例因子"选项的数值框中输入新的比例因子，单击 确定 按钮。

图 1-111

⊙ 利用"对象特性"工具栏。

步骤 1 在"对象特性"工具栏中，单击"线型控制"列表框，并在其下拉列表中选择"其他"选项，如图 1-112 所示，弹出"线型管理器"对话框。

图 1-112

步骤 2 在"线型管理器"对话框中"全局比例因子"选项的数值框中输入新的比例因子，单击 确定 按钮。

◎ **设置当前对象的线型比例因子**

改变当前对象的线型比例因子，将改变当前选择的对象中所有非连续线型的外观。

改变当前对象的线型比例因子有以下两种方法。

⊙ 利用"线型管理器"对话框。

步骤 `1` 选择"格式 > 线型"命令，弹出"线型管理器"对话框。

步骤 `2` 在"线型管理器"对话框中单击 显示细节(D) 按钮，在对话框的底部弹出"详细信息"选项组，在"当前对象缩放比例"选项的数值框中输入新的比例因子，单击 确定 按钮。

> **提 示** 非连续线外观的显示比例＝当前对象线型比例因子×全局线型比例因子。例如，当前对象线型比例因子为2，全局线型比例因子为2，则最终显示线型时采用的比例因子为4。

⊙ 利用"对象特性管理器"对话框。

步骤 `1` 选择"工具 > 特性"命令，打开"对象特性管理器"对话框，如图 1-113 所示。

步骤 `2` 选择需要改变线型比例的对象，"对象特性管理器"对话框将显示选中对象的特性设置，如图 1-114 所示。

步骤 `3` 在"基本"选项组中单击"线型比例"选项，输入新的比例因子，按 Enter 键改变其外观图形，此时其他非连续线型的外观不会改变，如图 1-115 所示。

如果同时选中不同线型比例设置的不连续线型，"线型比例"选项中将显示为"多种"，如图 1-116 所示。

图 1-113

图 1-114

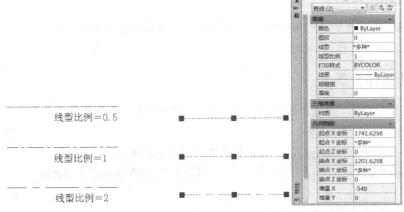

图 1-115

图 1-116

第2章 绘制基本图形

本章主要介绍绘图辅助工具和基本图形的绘制方法，如点、直线、圆、圆弧、矩形、正多边形等。本章介绍的知识可帮助用户学习如何绘制基本图形，为绘制复杂的工程图打下良好的基础。

 课堂学习目标

- 绘图辅助工具
- 利用坐标绘制直线
- 利用辅助工具绘制直线
- 绘制平行线
- 绘制垂线
- 绘制点
- 绘制圆、圆弧和圆环
- 绘制矩形和正多边形

2.1 绘制表面粗糙度符号

2.1.1 【操作目的】

利用直线工具来绘制表面粗糙度符号。（最终效果参看光盘中的"Ch02 > 效果 > 表面粗糙度符号"，见图 2-1。）

2.1.2 【操作步骤】

步骤 1 选择"文件 > 新建"命令，弹出"选择样板"对话框，单击 打开(O) 按钮，创建新的图形文件。

步骤 2 单击"直线"按钮，绘制表面粗糙度符号，如图 2-2 所示。

图 2-1

命令: _line 指定第一点: //单击"直线"按钮，单击确定 A 点

指定下一点或 [放弃(U)]: @10<-120   //输入 B 点相对极坐标

指定下一点或 [放弃(U)]: @5<120   //输入 C 点相对极坐标

指定下一点或 [闭合(C)/放弃(U)]: @5,0   //输入 D 点相对直角坐标

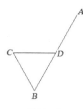

图 2-2

指定下一点或 [闭合(C)/放弃(U)]:　　　　　　//按 Enter 键

2.1.3 【相关工具】

1. 绘图辅助工具

◎ 捕捉

捕捉命令用于限制十字形光标，使其按照定义的间距移动。捕捉命令可以在使用箭头或定点设备时，精确地定位点的位置。

切换命令方法："状态栏"中的"捕捉模式"按钮▥。

◎ 栅格

开启栅格命令后，在屏幕上显示的是点的矩阵，遍布图形界限的整个区域。利用栅格命令类似于在图形下放置一张坐标纸。栅格命令可以对齐对象并直观显示对象之间的距离，方便对图形的定位和测量。

切换命令方法："状态栏"中的"栅格显示"按钮▦。

◎ 正交

正交命令可以将光标限制在水平方向或垂直方向上移动，以便精确地绘制和编辑对象。正交命令是用来绘制水平线和垂直线的一种辅助工具，它在绘制建筑图的过程中是最为常用的绘图辅助工具。

切换命令方法："状态栏"中的"正交模式"按钮⌊。

◎ 极轴

利用极轴命令，光标可以按指定角度移动。在极轴状态下，系统将沿极轴方向显示绘图的辅助线，也就是用户指定的极轴角度所定义的临时对齐路径。

切换命令方法："状态栏"中的"极轴追踪"按钮⌖。

◎ 对象捕捉

对象捕捉命令可以精确地指定对象的位置。AutoCAD 系统在默认情况下使用的是自动捕捉，当光标移到对象的对象捕捉位置时，将显示标记和工具栏提示。自动捕捉功能提供工具栏提示，指示哪些对象捕捉正在使用。

切换命令方法："状态栏"中的"对象捕捉"按钮▢。

◎ 对象追踪

在利用对象追踪绘图时，必须打开对象捕捉开关。利用对象捕捉追踪，可以沿着基于对象捕捉点的对齐路径进行追踪。已捕捉的点将显示一个小加号"+"，捕捉点之后，在绘图路径上移动光标时，将显示相对于获取点的水平、垂直或极轴对齐路径。

切换命令方法："状态栏"中的"对象捕捉追踪"按钮∠。

◎ 动态输入

动态输入命令是 AutoCAD 2010 提供的新功能。动态输入命令在光标附近提供一个命令界面，使用户可以专注于绘图区域。启用动态输入命令后，工具栏提示将在光标附近显示信息，该信息会随着光标移动而动态更新。当某条命令为活动时，工具栏提示将为用户提供输入的位置。

切换命令方法："状态栏"中的"动态输入"按钮⊹。

中等职业教育数字艺术类规划教材

2. 利用坐标绘制直线

直线命令可以用于创建线段，它是建筑制图中使用最为广泛的命令之一。直线命令可以绘制一条线段，也可以绘制连续折线。启用直线命令后，利用鼠标指针指定线段的端点或输入端点的坐标，AutoCAD 会自动将这些点连接成线段。

启用命令的方法如下。

⊙ 工 具 栏：“绘图”工具栏中的“直线”按钮。

⊙ 菜单命令：“绘图 > 直线”。

选择“绘图 > 直线”命令绘制图形时，先利用鼠标在绘图窗口中单击一点作为线段的起点，然后移动鼠标，在适当的位置上单击另一点作为线段的终点，即可绘制出一条线段，按 Enter 键结束绘制。也可以用此线段的终点作为起点，再指定另一个终点来绘制与之相连的另一条线段。

选择“绘图 > 直线”命令，利用鼠标单击来绘制直线，如图 2-3 所示。操作步骤如下：

命令：_line 指定第一点：   //选择直线命令，单击确定 A 点位置，如图 2-3 所示

指定下一点或 [放弃(U)]：   //再次单击确定 B 点位置

指定下一点或 [放弃(U)]：   //再次单击确定 C 点位置

指定下一点或 [闭合(C)/放弃(U)]：   //再次单击确定 D 点位置

指定下一点或 [闭合(C)/放弃(U)]：   //再次单击确定 E 点位置

指定下一点或 [闭合(C)/放弃(U)]：   //按 Enter 键

图 2-3

◎ **利用绝对坐标绘制直线**

利用绝对坐标绘制直线时，可输入点的绝对直角坐标或绝对极坐标。其中，绝对坐标是相对于世界坐标系 WCS 原点的坐标。

通过输入点的绝对直角坐标来绘制线段 AB，如图 2-4 所示。操作步骤如下：

命令：_line 指定第一点：0,0   //单击“直线”按钮，输入 A 点的绝对直角坐标

指定下一点或 [放弃(U)]：40,40   //输入 B 点的绝对直角坐标

指定下一点或 [放弃(U)]：   //按 Enter 键

通过输入点的绝对极坐标来绘制线段 AB，如图 2-5 所示。操作步骤如下：

命令：_line 指定第一点：0,0   //单击“直线”按钮，输入 A 点的绝对直角坐标

指定下一点或 [放弃(U)]：40<45   //输入 B 点的绝对极坐标

指定下一点或 [放弃(U)]：   //按 Enter 键

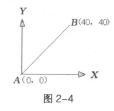   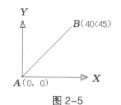

图 2-4   图 2-5

◎ **利用相对坐标绘制直线**

利用相对坐标绘制直线时，可输入点的相对直角坐标或相对极坐标。其中，相对坐标是相对于用户最后输入点的坐标。

通过输入点的相对坐标来绘制三角形 ABC，如图 2-6 所示。操作步骤如下：

命令：_line 指定第一点：   //单击“直线”按钮，单

击确定 *A* 点

指定下一点或 [放弃(U)]:@80,0	//输入 *B* 点的相对直角坐标
指定下一点或 [放弃(U)]: @60<90	//输入 *C* 点的相对极坐标
指定下一点或 [闭合(C)/放弃(U)]: C	//选择"闭合"选项,按 Enter 键

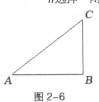

图 2-6

3. 利用辅助工具绘制直线

AutoCAD 系统提供了许多绘图辅助工具,利用这些工具可以快速、精确地绘制图形对象。

◎ **利用正交功能绘制水平与竖直直线**

利用"直线"命令绘制图形时,打开"正交"开关,光标只能沿水平或者竖直方向移动。只需移动光标来指示线段的方向,并输入线段的长度值,就可以绘制出水平或者竖直方向的线段。

选择"绘图 > 直线"命令,打开"正交"开关,绘制图形如图 2-7 所示。操作步骤如下:

命令:_line 指定第一点:<正交 开>	//选择直线命令，单击确定 *A* 点位置,打开正交开关
指定下一点或 [放弃(U)]: 35	//将光标移到 *A* 点下侧,输入线段 *AB* 的长度
指定下一点或 [放弃(U)]: 30	//将光标移到 *B* 点左侧,输入线段 *BC* 的长度
指定下一点或 [闭合(C)/放弃(U)]: 55	//将光标移到 *C* 点下侧,输入线段 *CD* 的长度
指定下一点或 [闭合(C)/放弃(U)]: 100	//将光标移到 *D* 点右侧,输入线段 *DE* 的长度
指定下一点或 [闭合(C)/放弃(U)]: 90	//将光标移到 *E* 点上侧,输入线段 *EF* 的长度
指定下一点或 [闭合(C)/放弃(U)]: C	//选择"闭合"选项

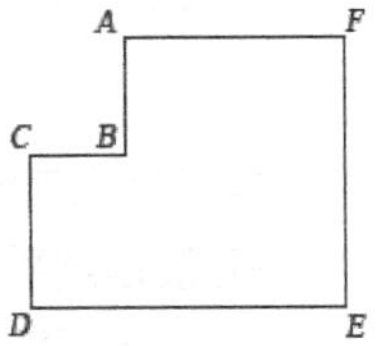

◎ **利用极轴追踪功能绘制直线**

利用极轴追踪功能绘制直线时,光标可以按照指定的角度进行移动。打开极轴追踪开关后,AutoCAD 将会沿极轴方向显示绘图的辅助线,这样便于绘制具有倾斜角度的直线。

启用命令的方法如下。

⊙ 状态栏:"状态栏"中的"极轴追踪"按钮 。

⊙ 快捷键:按 F10 键。

图 2-7

打开极轴追踪开关后,AutoCAD 将沿极轴方向显示绘图的辅助线,此时输入线段的长度便可绘制出沿此方向的线段。其中,极轴方向是由极轴角确定的,用户可以设置极轴的增量角度值。例如,若设置的增量角度为 60°,则当光标移动到接近 60°、120°、180° 等方向时,AutoCAD 就会显示这些方向的绘制辅助线。

利用极轴追踪功能绘制图形,如图 2-8 所示。

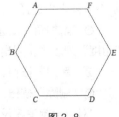

图 2-8

步骤 1 用鼠标右键单击"状态栏"中的 按钮,弹出快捷菜单。选择"设置"命令,弹出"草图设置"对话框。

步骤 2 在"极轴角设置"选项组的"增量角"数值框中输入极轴增量角度值"60",如图 2-9 所示。单击 确定 按钮,完成极轴追踪的设置。

步骤 3 单击"状态栏"中的 ⊙ 按钮，打开极轴追踪开关，此时光标将自动沿 0°、60°、120°、180°、240°、300°等方向进行追踪。

步骤 4 单击"直线"按钮 ，绘制六边形，如图 2-10 所示。

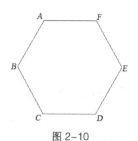

图 2-9   图 2-10

命令: _line 指定第一点:　　　　　　　　　//单击"直线"按钮 ，单击确定 A 点

指定下一点或 [放弃(U)]: 60　　　　　　　//将光标放置于 B 点附近，系统会沿 240° 方向追踪，然后输入线段 AB 的长度

指定下一点或 [放弃(U)]: 60　　　　　　　//将光标放置于 C 点附近，系统会沿 300° 方向追踪，输入线段 BC 的长度

指定下一点或 [闭合(C)/放弃(U)]: 60　　　//将光标放置于 D 点附近，系统会沿 0° 方向追踪，输入线段 CD 的长度

指定下一点或 [闭合(C)/放弃(U)]: 60　　　//将光标放置于 E 点附近，系统会沿 60° 方向追踪，输入线段 DE 的长度

指定下一点或 [闭合(C)/放弃(U)]: 60　　　//将光标放置于 F 点附近，系统会沿 120° 方向追踪，输入线段 EF 的长度

指定下一点或 [闭合(C)/放弃(U)]: c　　　　//选择"闭合"选项，按 Enter 键

对话框选项解释如下。

⊙ "启用极轴追踪"复选框：用于开启极轴捕捉功能。取消选择"启用极轴追踪"复选框，则会取消极轴捕捉功能。

"极轴角设置"选项组用于设置极轴追踪的对齐角度。

⊙ "增量角"下拉列表：用来显示极轴追踪的极轴角增量。用户可以输入任何角度，也可以从下拉列表中选择 90、45、30、22.5、18、15、10、5 等常用的角度值。

⊙ "附加角"复选框：对极轴追踪使用列表中的任何一种附加角度。选择"附加角"复选框，"角度"列表中将列出可用的附加角度。

⊙ "新建"按钮：用于添加新的附加角度，最多可以添加 10 个附加极轴追踪对齐角度。

⊙ "删除"按钮：用于删除选定的附加角度。

"对象捕捉追踪设置"选项组用于设置对象捕捉追踪选项。

⊙ "仅正交追踪"单选项：当对象捕捉追踪打开时，仅显示已获得的对象捕捉点的正交对象捕捉追踪路径。

⊙ "用所有极轴角设置追踪"单选项：用于在追踪参考点处沿极轴角所设置的方向显示追踪路径。

"极轴角测量"选项组用于设置测量极轴追踪对齐角度的基准。

⊙ "绝对"单选项：用于设置以坐标系的 x 轴为计算极轴角的基准线。

⊙ "相对上一段"单选项：用于设置以最后创建的对象为基准线计算极轴的角度。

◎ **利用对象追踪功能绘制直线**

在使用对象追踪绘图时，必须打开对象捕捉开关。

启用"直线"命令，利用"对象追踪"功能绘制图形，操作步骤如下。

步骤 1 在状态栏中的 ∠ 按钮上单击鼠标右键，弹出快捷菜单，选择"设置"命令，打开"草图设置"对话框。

步骤 2 在"草图设置"对话框的"对象捕捉"选项卡下，选择"启用对象捕捉"和"启用对象捕捉追踪"复选框，在"对象捕捉模式"选项组中选择"端点"、"中点"和"交点"复选框，如图 2-11 所示。

步骤 3 选择"极轴追踪"选项卡，在"对象捕捉追踪设置"选项组中选择追踪的方式。在"极轴角设置"选项组中设置极轴追踪对齐路径的极轴角增量角为 60°，如图 2-12 所示。单击 确定 按钮，完成对象追踪的设置。

图 2-11

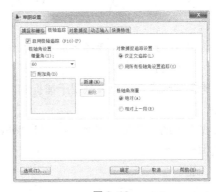

图 2-12

步骤 4 启用"直线"命令，单击确定正六边形 AB 边的中点，如图 2-13 所示。

步骤 5 AutoCAD 会自动捕捉 AB 中点，此时 AB 中点处出现"Δ"图标，表示以 AB 中点为参照点。移动光标，将出现一条虚线对参照点进行追踪，如图 2-14 所示。将光标移至 B 点附近，捕捉 B 点为参照点进行追踪，然后捕捉两条追踪线的交点并单击，如图 2-15 所示。

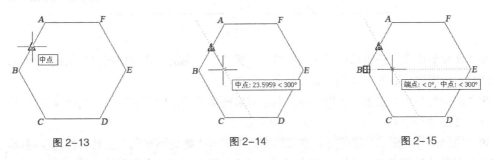

图 2-13   图 2-14   图 2-15

步骤 6 捕捉线段 BC 的中点并单击，如图 2-16 所示，AutoCAD 会自动以 BC 中点为参照点。移动光标捕捉 C 点为参照点，再移动光标，在两条追踪线的交点处单击，如图 2-17 所示。重复使用上面的方法，就可以在正六边形内部绘制出一个六角星图形，如图 2-18 所示。

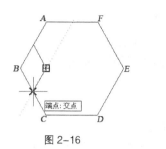

图 2-16

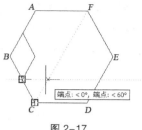

图 2-17

图 2-18

◎ **利用临时对象捕捉方式绘制直线**

在任意一个工具栏上单击鼠标右键，弹出快捷菜单，选择"对象捕捉"命令，弹出"对象捕捉"工具栏，如图 2-19 所示。

图 2-19

"对象捕捉"工具栏中各命令按钮的功能如下。

⊙ "临时追踪点"按钮 ⊷：用于设置临时追踪点（参照点），使系统按照正交或者极轴的方式进行追踪。

⊙ "捕捉自"按钮 ⌐：选择一点，以所选的点为基准点，再输入需要点对于此点的相对坐标值来确定另一点的捕捉方法。

⊙ "捕捉到端点"按钮 ／：用于捕捉线段、矩形、圆弧等线段图形对象的端点，光标显示为"□"形状。

打开光盘中的"Ch02 > 素材 > 圆柱销.dwg"文件，在 A 点与 B 点之间绘制线段，如图 2-20 所示。操作步骤如下：

命令: _line	//单击"直线"按钮 ／
指定第一点: _endp 于	//单击"捕捉到端点"按钮 ／，选择 A 点
指定下一点或 [放弃(U)]: _endp 于	//单击"捕捉到端点"按钮 ／，选择 B 点
指定下一点或 [放弃(U)]:	//按 Enter 键

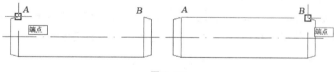

图 2-20

⊙ "捕捉到中点"按钮 ／：用于捕捉线段、弧线、矩形的边线等图形对象的线段中点，光标显示为"△"形状，如图 2-21 所示。

⊙ "捕捉到交点"按钮 ╳：用于捕捉图形对象间相交或延伸相交的点，光标显示为"╳"形状，如图 2-22 所示。

⊙ "捕捉到外观交点"按钮 ╳：在二维空间中，与"捕捉到交点"工具 ╳ 的功能相同，可以捕捉两个对象的视图交点。该捕捉方式还可在三维空间中捕捉两个对象的视图交点，光标显示为"⊠"形状，如图 2-23 所示。

注 意 如果同时打开"交点"和"外观交点"捕捉方式，再执行对象捕捉时，得到的结果可能会不同。

⊙ "捕捉到延长线"按钮━：使用光标从图形的端点处开始移动，沿图形一边以虚线来表示此边的延长线，光标旁会显示对于捕捉点的相对坐标值，光标显示为"⚊."形状，如图 2-24 所示。

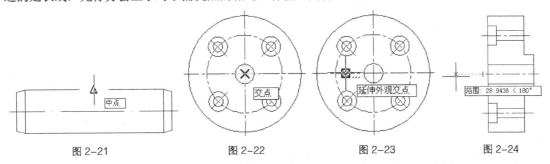

| 图 2-21 | 图 2-22 | 图 2-23 | 图 2-24 |

⊙ "捕捉到圆心"按钮◎：用于捕捉圆形、圆弧和椭圆形图形的圆心位置，光标显示为"○"形状，如图 2-25 所示。

⊙ "捕捉到象限点"按钮◎：用于捕捉圆形、椭圆形等图形上象限点的位置，光标显示为"◇"形状，如图 2-26 所示。

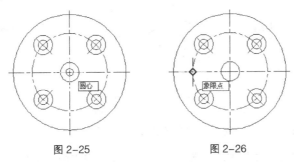

| 图 2-25 | 图 2-26 |

⊙ "捕捉到切点"按钮◯：用于捕捉圆形、圆弧、椭圆形图形与其他图形相切的切点位置，光标显示为"♂"形状，如图 2-27 所示。

⊙ "捕捉到垂足"按钮⊥：用于绘制垂线，即捕捉图形的垂足，光标显示为"ㄴ"形状，如图 2-28 所示。

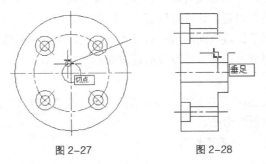

| 图 2-27 | 图 2-28 |

⊙ "捕捉到平行线"按钮∥：以一条线段为参照，绘制另一条与之平行的直线。在指定直线的起始点后，单击"捕捉到平行线"按钮∥，移动光标到参照线段上，会出现平行符号"∥"表示参照线段被选中；移动光标，与参照线平行的方向会出现一条虚线表示的轴线，输入线段的长

度值即可绘制出与参照线相平行的一条线段，如图 2-29 所示。

图 2-29

⊙ "捕捉到插入点"按钮：用于捕捉属性、块、形或文字的插入点，光标显示为"⤵"形状，如图 2-30 所示。

⊙ "捕捉到节点"按钮：用于捕捉使用"点"命令创建的点对象，光标显示为"⊠"形状，如图 2-31 所示。

⊙ "捕捉到最近点"按钮：用于捕捉离十字光标的中心最近的图形对象上的点，光标显示为"⊠"形状，如图 2-32 所示。

⊙ "无捕捉"按钮：用于取消当前所选的临时捕捉方式。

⊙ "对象捕捉设置"按钮：单击此按钮，弹出"草图设置"对话框，可以启用自动捕捉方式，并对捕捉的方式进行设置。

图 2-30   图 2-31   图 2-32

使用临时对象捕捉方式绘制直线还可以利用快捷菜单来完成。按住 Ctrl 键或者 Shift 键，在绘图窗口中单击鼠标右键，弹出快捷菜单，如图 2-33 所示。选择捕捉命令，即可完成相应的捕捉操作。

◎ **利用自动对象捕捉方式绘制直线**

利用自动对象捕捉方式绘制直线时，可以保持捕捉设置，不需要每次绘制时重新调用捕捉方式进行设置，这样可以节省绘图时间。

AutoCAD 2010 提供了比较全面的自动对象捕捉方式。可以单独选择一种对象捕捉方式，也可以同时选择多种对象捕捉方式。

启用命令方法如下。

⊙ 状 态 栏：在"状态栏"中的"对象捕捉"按钮上单击鼠标右键，弹出快捷菜单，选择"设置"命令。

⊙ 菜单命令："工具 > 草图设置"。

⊙ 命 令 行：dsettings。

在"草图设置"对话框中进行对象捕捉方式设置，操作步骤如下。

图 2-33

步骤 1 打开"草图设置"对话框，在对话框中选择"对象捕捉"选项卡，如图 2-34 所示。

步骤 2 在对话框中，选择"启用对象捕捉"复选框，开启对象捕捉命令；反之，则取消对象捕捉命令。

图 2-34

"对象捕捉模式"选项组中提供了 13 种对象捕捉方式，可以通过选择复选框来选择需要启用的捕捉方式。每个选项的复选框前的图标代表成功捕捉某点时光标的显示图标。所有列出的捕捉方式、图标显示，与前面所讲的临时对象捕捉方式相同。

全部选择 按钮：用于选择全部对象捕捉方式。

全部清除 按钮：用于取消所有设置的对象捕捉方式。

步骤 3　单击 确定 按钮，完成对象捕捉的设置。

步骤 4　单击"状态栏"中的 按钮，使之处于蓝色状态，打开对象捕捉开关。

提　示　　在绘制图形时，光标自动捕捉对话框中选中的捕捉方式的目标点，是离十字光标中心最近的一点。

4. 绘制平行线

在绘制建筑工程图时，平行线通常有两种绘制方法：一是利用"偏移"命令绘制平行线，用户需要输入偏移的距离并指定偏移的方向；二是利用对象捕捉功能绘制平行线，用户需要选择平行线通过的点并指定平行线的长度。

◎ 利用"偏移"命令绘制平行线

利用"偏移"命令可以绘制一个与已有直线、圆、圆弧、多段线、椭圆、构造线、样条曲线等对象相似的新图形对象。当图形中存在直线时，利用"偏移"命令，可快速绘制与其平行的线条。

启用命令的方法如下。

⊙ 工 具 栏："修改"工具栏中的"偏移"按钮 。

⊙ 菜单命令："修改 > 偏移"。

⊙ 命 令 行：of fset。

选择"修改 > 偏移"命令，绘制线段 DE、线段 FG，如图 2-35 所示。操作步骤如下：

命令:_offset　　　　　　　　　　　　　　//选择偏移命令

当前设置: 删除源=否　图层=当前　OFFSETGAPTYPE=0

指定偏移距离或 [通过(T)/删除(E)/图层(L)] <通过>:　　//按 Enter 键

选择要偏移的对象，或 [退出(E)/放弃(U)] <退出>:　　//选择直线 AB

指定通过点或 [退出(E)/多个(M)/放弃(U)] <退出>: <对象捕捉 开>　//打开对象捕捉开关，捕捉 C 点

选择要偏移的对象，或 [退出(E)/放弃(U)] <退出>:	//按 Enter 键
命令:_offset	//选择偏移命令
当前设置: 删除源=否 图层=当前 OFFSETGAPTYPE=0	
指定偏移距离或[通过(T)/删除(E)/图层(L)] <通过> :300	//输入偏移距离
选择要偏移的对象，或 [退出(E)/放弃(U)] <退出>:	//选择直线 AB
指定点以确定偏移所在一侧，或 [退出(E)/多个(M)/放弃(U)] <退出>:	//在直线 AB 的上侧单击
选择要偏移的对象，或 [退出(E)/放弃(U)] <退出>:	//按 Enter 键

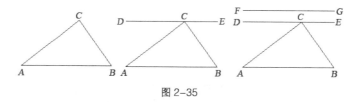

图 2-35

◎ **利用平行捕捉功能绘制平行线**

利用对象捕捉功能中的平行捕捉模式也可快速绘制已有线段的平行线。

选择"绘图 > 直线"命令，绘制线段 AE 的平行线 GH，如图 2-36 所示。操作步骤如下：

命令: _line 指定第一点:	//选择直线命令，在 AB 中点处单击确定 G 点位置
指定下一点或 [放弃(U)]: _par 到 80	//选择"对象捕捉"工具栏中的"捕捉到平行线"命令，移动光标到线段 AE 上，出现平行符号"//"，接着移动光标，将出现一条与线段 AE 平行的参考线，此时输入数值
指定下一点或 [放弃(U)]:	//按 Enter 键

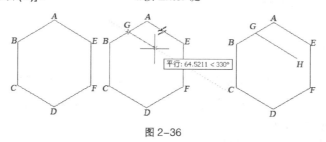

图 2-36

5. 绘制垂线

在绘制建筑工程图时，垂线通常有两种绘制方法：一是利用"构造线"命令绘制垂线，用户可通过已知直线上的某点来绘制其垂线；二是利用对象捕捉功能的重足模式绘制垂线，用户可通过直线外的某点来绘制已知直线的垂线。

◎ **利用"构造线"命令绘制垂线**

构造线用作创建其他对象的参照。可以选择一条参考线，指定那条直线与构造线的角度，或者通过指定角度和构造线必经的点来创建与水平轴成指定角度的构造线。

启用命令的方法如下。

⊙ 工 具 栏："绘图"工具栏中的"构造线"按钮。

⊙ 菜单命令："绘图 > 构造线"。

⊙ 命 令 行：xline。

选择"绘图 > 构造线"命令，绘制与线段 AB 的中点垂直的构造线，如图 2-37 所示。操作步骤如下：

命令: _xline 指定点或 [水平(H)/垂直(V)/角度(A)/二等分(B)/偏移(O)]: A　　//选择构造线命令 ，选择"角度"选项

输入构造线的角度 (0) 或 [参照(R)]: R　　//选择"参照"选项

选择直线对象:　　//选择线段 AB

输入构造线的角度 <0>: 90　　//输入角度值

指定通过点: <对象捕捉 开>　　//打开对象捕捉开关，捕捉线段 AB 的中点

指定通过点:　　//按 Enter 键

◎ **利用垂足捕捉功能绘制垂线**

利用对象捕捉的垂足模式可以通过图形外的一点绘制已知图形的垂线。

图 2-37

启用"直线"命令，绘制与边 AB 垂直的线条，如图 2-38 所示。操作步骤如下：

命令: _line 指定第一点: _per 到　　//选择直线命令 ，单击"捕捉到垂足"命令 ，在边 AB 上捕捉垂足

指定下一点或 [放弃(U)]: <对象捕捉 开>　　//打开"对象捕捉"开关，捕捉边 DE 的中点

指定下一点或 [放弃(U)]:　　//按 Enter 键

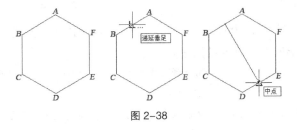

图 2-38

2.1.4　【实战演练】——绘制圆柱销

利用"直线"按钮 、"偏移"工具 、"修剪"按钮 和"镜像"工具 绘制圆柱销图形。（最终效果参看光盘中的"Ch02 > 效果 > 圆柱销"，见图 2-39。）

图 2-39

2.2　绘制压盖

2.2.1　【操作目的】

用"圆"工具绘制压盖。（最终效果参看光盘中的"Ch02 > 效果 > 压盖"，见图 2-40。）

2.2.2　【操作步骤】

步骤 1　选择"文件 > 新建"命令，弹出"选择样板"对话框，单击 打开(O) 按钮，创建新的图形文件。

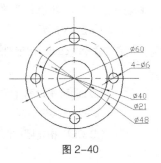

图 2-40

步骤 2 设置图形单位。选择"格式 > 单位"命令,弹出"图形单位"对话框。在"长度"选项组中,从"类型"下拉列表选择"小数"选项,从"精度"下拉列表选择"0"选项(即将精度设置为整数),如图 2-41 所示,完成后单击"确定"按钮。

步骤 3 单击工具栏中的"图层特性管理器"按钮 ,弹出"图层特性管理器"对话框。依次创建"轮廓线"和"细点划线"2 个图层,并设置"轮廓线"的颜色为白色、线型为"continuous"、线宽为 0.3mm;设置"细点划线"图层的颜色为红、线型为"CENTER2"、线宽为"默认"。设置"中心线"图层的颜色为红色、线型为"CENTER2"、线宽为"默认"。完成后"图层特性管理器"面板如图 2-42 所示,单击 ✕ 按钮即可将其关闭。

图 2-41

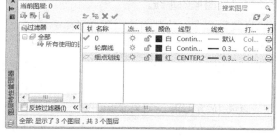

图 2-42

步骤 4 将"细点划线"图层设置为当前图层。绘制压盖的中心线,选择"直线"工具 绘制两条中心线,图形效果如图 2-43 所示。

命令: _line 指定第一点:	//选择直线工具 ,在绘图窗口中单击鼠标,即指定中心线的 *A* 端点
指定下一点或 [放弃(U)]: @80,0	//输入中心线 *B* 端点的相对坐标,按 Enter 键
指定下一点或 [放弃(U)]:	//按 Enter 键
命令: _line 指定第一点:	//选择直线工具 ,并在绘图窗口中单击鼠标,即指定中心线的 *C* 端点
指定下一点或 [放弃(U)]: @0,-80	//输入中心线 *D* 端点的相对坐标,按 Enter 键
指定下一点或 [放弃(U)]:	//按 Enter 键

步骤 5 选择"圆"工具 绘制中心线,效果如图 2-44 所示。

命令: _circle 指定圆的圆心或 [三点(3P)/两点(2P)/相切、相切、半径(T)]:	
	//选择圆工具 ,指定圆的中心点 *E*
指定圆的半径或 [直径(D)]: 24	//输入圆半径,按 Enter 键

步骤 6 将"轮廓线"图层设置为当前图层。选择"圆"工具 绘制压盖的轮廓线,图形效果如图 2-45 所示。

命令: _circle 指定圆的圆心或 [三点(3P)/两点(2P)/相切、相切、半径(T)]:	
	//选择圆工具 ,指定圆的中心点 *E*
指定圆的半径或 [直径(D)] <24.0000>: 10.5	//输入圆半径,按 Enter 键
命令:	//按 Enter 键
CIRCLE 指定圆的圆心或 [三点(3P)/两点(2P)/相切、相切、半径(T)]:	
	//选择圆的中心点 *E*

指定圆的半径或 [直径(D)] <10.5000>: 20	//输入圆半径，按 Enter 键
命令:	//按 Enter 键
CIRCLE 指定圆的圆心或 [三点(3P)/两点(2P)/相切、相切、半径(T)]:	
	//选择圆的中心点 E
指定圆的半径或 [直径(D)] <20.0000>: 30	//输入圆半径，按 Enter 键
命令:	//按 Enter 键
CIRCLE 指定圆的圆心或 [三点(3P)/两点(2P)/相切、相切、半径(T)]:	
	//选择圆孔的中心点 O
指定圆的半径或 [直径(D)] <30.0000>: 3	//输入圆孔半径，按 Enter 键
命令:	//按 Enter 键
CIRCLE 指定圆的圆心或 [三点(3P)/两点(2P)/相切、相切、半径(T)]:	
	//选择圆孔的中心点 P
指定圆的半径或 [直径(D)] <3.0000>:	//按 Enter 键
命令:	//按 Enter 键
CIRCLE 指定圆的圆心或 [三点(3P)/两点(2P)/相切、相切、半径(T)]:	
	//选择圆孔的中心点 Q
指定圆的半径或 [直径(D)] <3.0000>:	//按 Enter 键
命令:	//按 Enter 键
CIRCLE 指定圆的圆心或 [三点(3P)/两点(2P)/相切、相切、半径(T)]:	
	//选择圆孔的中心点 R
指定圆的半径或 [直径(D)] <3.0000>:	//按 Enter 键
命令: <线宽 开>	//单击状态栏的"线宽"按钮，显示线宽

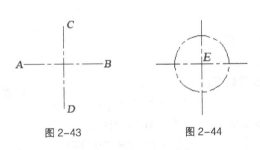

图 2-43　　　　　　　图 2-44

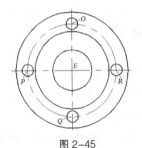

图 2-45

2.2.3 【相关工具】

1. 绘制点

◎ 点的样式

在绘制点时，需要知道绘制什么样的点以及点的大小，因此需要设置点的样式。设置点样式的操作步骤如下。

步骤 1 选择"格式 > 点样式"命令，弹出"点样式"对话框，如图 2-46 所示。

步骤 2 "点样式"对话框中提供了多种点的样式，用户可以根据需要进行选择，即单击需要的点样式图标。此外，用户还可以通过在"点大小"数值框内输入数值，设置点的显示大小。

步骤 3 单击 确定 按钮，点的样式设置完成。

◎ 绘制单点

利用单点命令可以方便地绘制一个点。

启用命令的方法如下。

⊙ 菜单命令："绘图 > 点 > 单点"。

⊙ 命 令 行：po（point）。

选择"绘图 > 点 > 单点"命令，绘制如图 2-47 所示的点图形。操作步骤如下：

命令: _point   //选择单点菜单命令

当前点模式：PDMODE=35 PDSIZE=0.0000   //显示当前点的样式

指定点：   //单击绘制点

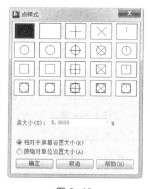

图 2-46

图 2-47

◎ 绘制多点

启用"多点"命令可以绘制多个点。

启用命令的方法如下。

⊙ 工具栏："绘图"工具栏中的"点"按钮 。

⊙ 菜单命令："绘图 > 点 > 多点"。

绘制多个点，如图 2-48 所示。操作步骤如下：

图 2-48

命令: _point   //单击"点"按钮

当前点模式：PDMODE=34 PDSIZE=0.0000   //显示当前点的样式

指定点：   //依次单击确定点的位置

指定点: *取消*   //按 Esc 键

◎ 通过定距绘制等分点

启用"定距等分"命令可以通过定距绘制等分点，此时需要输入点之间的间距，并且每次只能在一个图形对象上绘制等分点。可以绘制等分点的图形对象有直线、圆、多段线和样条曲线等，但不能是块、尺寸标注、文本及剖面线等图形对象。

启用命令的方法如下。

⊙ 菜单命令："绘图 > 点 > 定距等分"。

⊙ 命令行：measure。

打开光盘中的"Ch02 > 素材 > 定距绘制等分点.dwg"文件，在线段 AB 上通过指定间距来绘制等分点，如图 2-49 所示。操作步骤如下：

命令: _measure   //选择"绘图 > 点 > 定距等分"命令

选择要定距等分的对象: //选择线段 *AB*

指定线段长度或 [块(B)]: 5   //输入点之间的间距

图 2-49

提示选项说明如下。

⊙ 指定线段长度：用于输入点之间的间距。

⊙ 块（B）：用于按照输入的间距在选择的图形对象上插入图块。

通过定距绘制等分点时，距离选择对象点较近的端点将作为等分的起始位置，若图形对象的总长不能被输入的间距整除，则最后一段的间距小于输入的间距。

◎ **通过定数绘制等分点**

启用"定数等分"命令可以通过定数绘制等分点，此时需要点的数目，并且每次只能在一个图形对象上绘制等分点，其等分的最大数目为 32 767。

启用命令的方法如下。

⊙ 菜单命令："绘图 > 点 > 定数等分"。

⊙ 命令行： DIVIDE。

打开光盘中的"Ch02 > 素材 > 定数绘制等分点.dwg"文件，在圆上通过指定数目来绘制等分点，如图 2-50 所示。操作步骤如下：

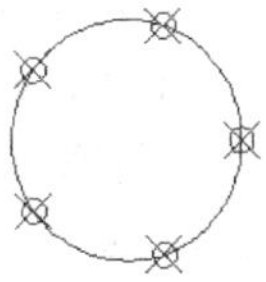

图 2-50

命令: _divide   //选择"绘图 > 点 > 定数等分"命令

选择要定数等分的对象: //选择圆

输入线段数目或 [块(B)]：5   //输入等分的数目

2. 绘制圆

圆在建筑图中随处可见，在 AutoCAD 中绘制圆的方法有 6 种，其中默认的方法是通过确定圆心和半径来绘制圆。根据图形的特点，可采用不同的方法进行绘制。

启用命令的方法如下。

⊙ 工 具 栏："绘图"工具栏中的"圆"按钮 ⊙。

⊙ 菜单命令："绘图 > 圆"。

⊙ 命 令 行：c（circle）。

选择"绘图 > 圆"命令，绘制如图 2-51 所示的图形。操作步骤如下：

命令: _circle 指定圆的圆心或 [三点(3P)/两点(2P)/相切、相切、半径(T)]:

                                        //选择圆命令 ⊙，在绘图窗口中单击确定圆心位置

指定圆的半径或 [直径(D)]: 20   //输入圆的半径值

提示选项说明如下。

⊙ 三点(3P)：通过指定的 3 个点绘制圆形。

拾取三角形上 3 个顶点绘制一个圆形，如图 2-52 所示。操作步骤如下：

命令: _circle 指定圆的圆心或 [三点(3P)/两点(2P)/相切、相切、半径(T)]: 3P

                                        //选择圆命令 ⊙，选择"三点"选项

指定圆上的第一个点: //捕捉顶点 *A* 点

指定圆上的第二个点：   //捕捉顶点 *B* 点

指定圆上的第三个点：   //捕捉顶点 *C* 点

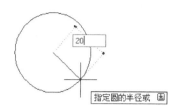 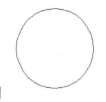
  图 2-51   图 2-52

⊙ 两点(2P)：通过指定圆直径的两个端点来绘制圆。

在线段 *AB* 上绘制一个圆，如图 2-53 所示。操作步骤如下：

命令：_circle 指定圆的圆心或 [三点(3P)/两点(2P)/相切、相切、半径(T)]：2P

             //选择圆命令 ⊙，选择"两点"选项

指定圆直径的第一个端点：<对象捕捉 开> //捕捉线段 *AB* 的端点 *A*

指定圆直径的第二个端点：   //捕捉线段 *AB* 的端点 *B*

⊙ 相切、相切、半径(T)：通过选择两个与圆相切的对象，并输入半径来绘制圆。

在三角形的边 *AB* 与 *BC* 之间绘制一个相切圆，如图 2-54 所示。操作步骤如下：

命令：_circle 指定圆的圆心或 [三点(3P)/两点(2P)/相切、相切、半径(T)]:T

             //选择圆命令 ⊙，选择"相切、相切、半径"选项

指定对象与圆的第一个切点：   //在边 *AB* 上单击

指定对象与圆的第二个切点：   //在边 *BC* 上单击

指定圆的半径：10   //输入半径值

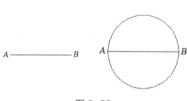 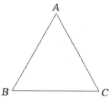
  图 2-53   图 2-54

⊙ 直径(D)：在确定圆心后，通过输入圆的直径长度来确定圆。

菜单栏的"绘图 > 圆"子菜单中提供了 6 种绘制圆的方法，如图 2-55 所示。除了上面介绍的 5 种可以直接在命令行中进行选择之外，"相切、相切、相切"命令只能从菜单栏的"绘图 > 圆"子菜单中调用。

绘制一个与正三边形图形对象都相切的圆，如图 2-56 所示。操作步骤如下：

命令：_circle 指定圆的圆心或 [三点(3P)/两点(2P)/相切、相切、半径(T)]：_3p

             //选择相切、相切、相切命令

指定圆上的第一个点：_tan 到   //在三角形 *AB* 边上单击

指定圆上的第二个点：_tan 到   //在三角形 *BC* 边上单击

指定圆上的第三个点：_tan 到   //在三角形 *AC* 边上单击

图 2-55

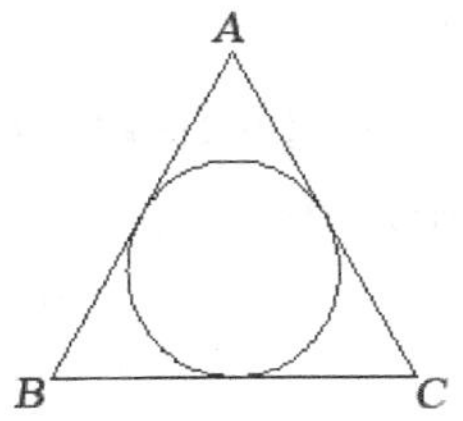

图 2-56

2.2.4 【实战演练】——绘制孔板式带轮

利用"圆"命令绘制孔板式带轮。（最终效果参看光盘中的"Ch02 > 效果 > 孔板式带轮"，见图 2-57。）

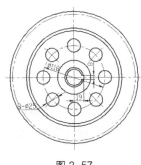

图 2-57

2.3 / 绘制吊钩

2.3.1 【操作目的】

利用"圆弧"工具 ╱ 绘制吊钩。（最终效果参看光盘中的"Ch02 > 效果 > 吊钩"，见图 2-58。）

2.3.2 【操作步骤】

步骤 1 选择"文件 > 打开"命令，打开光盘中的"Ch02 > 素材 > 吊钩.dwg"文件，如图 2-59 所示。

步骤 2 单击"圆弧"按钮 ╱，绘制轮廓线，如图 2-60 所示。

命令: _arc 指定圆弧的起点或 [圆心(C)]:   //单击"圆弧"按钮 ╱，选
择 A 点作为圆弧的起点

    指定圆弧的第二个点或 [圆心(C)/端点(E)]: e   //选择"端点"选项

    指定圆弧的端点: //选择 B 点作为圆弧的端点

    指定圆弧的圆心或 [角度(A)/方向(D)/半径(R)]: r   //选择"半径"选项

    指定圆弧的半径: -32   //输入半径值

    命令: _arc 指定圆弧的起点或 [圆心(C)]:   //单击"圆弧"按钮 ╱，选择 C 点作为圆弧的起点

    指定圆弧的第二个点或 [圆心(C)/端点(E)]: e   //选择"端点"选项

图 2-58

指定圆弧的端点:　　　　　　　　　　　　　　//选择 *D* 点作为圆弧的端点

指定圆弧的圆心或 [角度(A)/方向(D)/半径(R)]: r　//选择"半径"选项

指定圆弧的半径: -14　　　　　　　　　　　　//输入半径值

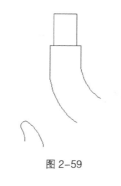
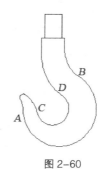

图 2-59　　　　　　　　　　　图 2-60

2.3.3 【相关工具】

1. 绘制圆弧

绘制圆弧的方法有 10 种,其中默认的方法是通过确定 3 点来绘制圆弧。圆弧可以通过设置起点、方向、中点、角度、终点、弦长等参数来进行绘制。在绘制过程中,用户可采用不同的方法。

启用命令的方法如下。

⊙ 工 具 栏:"绘图"工具栏中的"圆弧"按钮 。

⊙ 菜单命令:"绘图 > 圆弧"。

⊙ 命 令 行:a(arc)。

选择"绘图 > 圆弧"命令,弹出"圆弧"命令的下拉菜单,菜单中提供了 10 种绘制圆弧的方法,如图 2-61 所示。用户可以根据圆弧的特点,选择相应的命令来绘制圆弧。

"圆弧"命令 的默认绘制方法为"三点":起点、圆弧上一点、端点。

利用默认绘制方法绘制一条圆弧,如图 2-62 所示。操作步骤如下:

命令: _arc 指定圆弧的起点或 [圆心(C)]:　　//选择圆弧命令 ,单击确定圆弧起点 *A* 点位置

指定圆弧的第二个点或 [圆心(C)/端点(E)]:　//单击确定 *B* 点位置

指定圆弧的端点:　　　　　　　　　　//单击确定圆弧终点 *C* 点位置,弧形绘制完成

图 2-61

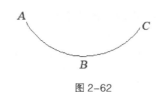

图 2-62

"圆弧"子菜单下提供的其他绘制命令的使用方法如下。

⊙ "起点、圆心、端点"命令:以逆时针方向开始,按顺序分别单击起点、圆心和端点 3 个位置来绘制圆弧。

利用"起点、圆心、端点"命令绘制一条圆弧,如图 2-63 所示。操作步骤如下:

命令: _arc 指定圆弧的起点或 [圆心(C)]:　　　　//选择起点、圆心、端点命令，单击确定起点 **A** 点位置

指定圆弧的第二个点或 [圆心(C)/端点(E)]: _c 指定圆弧的圆心:　//单击确定圆心 **B** 点位置

指定圆弧的端点或 [角度(A)/弦长(L)]:　　　　//单击确定端点 **C** 点位置

◉ "起点、圆心、角度"命令：以逆时针方向开始，按顺序分别单击起点和圆心两个位置，再输入角度值来绘制圆弧。

利用"起点、圆心、角度"命令绘制一条圆弧，如图 2-64 所示。操作步骤如下：

命令: _arc 指定圆弧的起点或 [圆心(C)]:　　　　//选择起点、圆心、角度命令，单击确定起点 **A** 点位置

指定圆弧的第二个点或 [圆心(C)/端点(E)]: _c 指定圆弧的圆心:　//单击确定圆心 **B** 点位置

指定圆弧的端点或 [角度(A)/弦长(L)]: _a 指定包含角: 90　　　//输入圆弧的角度值

◉ "起点、圆心、长度"命令：以逆时针方向开始，按顺序分别单击起点和圆心两个位置，再输入圆弧的长度值来绘制圆弧。

利用"起点、圆心、长度"命令绘制一条圆弧，如图 2-65 所示。操作步骤如下：

命令: _arc 指定圆弧的起点或 [圆心(C)]:　　　　　　　　//选择起点、圆心、长度命令，单击
　　　　　　　　　　　　　　　　　　　　　　　　　　　确定起点 **A** 点位置

指定圆弧的第二个点或 [圆心(C)/端点(E)]: _c 指定圆弧的圆心:　//单击确定圆心 **B** 点位置

指定圆弧的端点或 [角度(A)/弦长(L)]: _l 指定弦长: 100　　　//输入圆弧的弦长值，确定圆弧

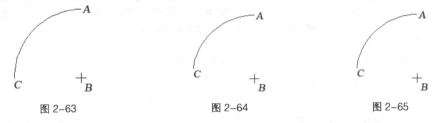

图 2-63　　　　　　　　　图 2-64　　　　　　　　　图 2-65

◉ "起点、端点、角度"命令：以逆时针方向开始，按顺序分别单击起点和端点两个位置，再输入圆弧的角度值来绘制圆弧。

利用"起点、端点、角度"命令绘制一条圆弧，如图 2-66 所示。操作步骤如下：

命令: _arc 指定圆弧的起点或 [圆心(C)]:　　//选择起点、端点、角度命令，单击确定起点 **A** 点位置

指定圆弧的第二个点或 [圆心(C)/端点(E)]: _e

指定圆弧的端点: @ -25,0　　　　　　　　　　　　　//输入 **B** 点坐标

指定圆弧的圆心或 [角度(A)/方向(D)/半径(R)]: _a 指定包含角: 150　//输入圆弧的角度值，确定圆弧

◉ "起点、端点、方向"命令：通过指定起点、端点和方向绘制圆弧，绘制的圆弧在起点处与指定方向相切。

利用"起点、端点、方向"命令绘制一条圆弧，如图 2-67 所示。操作步骤如下：

命令: _arc 指定圆弧的起点或 [圆心(C)]:　　　//选择起点、端点、方向命令，单击确定起点 **A** 点位置

指定圆弧的第二个点或 [圆心(C)/端点(E)]: _e

指定圆弧的端点:　　　　　　　　　　　　　//单击确定端点 **B** 点位置

指定圆弧的圆心或 [角度(A)/方向(D)/半径(R)]: _d 指定圆弧的起点切向:　//用光标确定圆弧的方向

◉ "起点、端点、半径"命令：通过指定起点、端点和半径绘制圆弧。可以通过输入长度，或通过顺时针（或逆时针）移动鼠标单击确定一段距离来指定半径。

利用"起点、端点、半径"命令绘制一条圆弧，如图 2-68 所示。操作步骤如下：

命令: _arc 指定圆弧的起点或 [圆心(C)]:　　　//选择起点、端点、半径命令，单击确定起点 **A** 点位置

指定圆弧的第二个点或 [圆心(C)/端点(E)]: _e

指定圆弧的端点:　　　　　　　　　　　　　//单击确定端点 *B* 点位置

指定圆弧的圆心或 [角度(A)/方向(D)/半径(R)]: _r 指定圆弧的半径:

　　　　　　　　　　　　　　　　//单击点 *C* 确定圆弧半径的大小

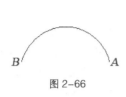　　　　

图 2-66　　　　　　　　　　图 2-67　　　　　　　　　　图 2-68

⊙ "圆心、起点、端点"命令：以逆时针方向开始，按顺序分别单击圆心、起点和端点 3 个位置来绘制圆弧。

⊙ "圆心、起点、角度"命令：按顺序分别单击圆心、起点两个位置，再输入圆弧的角度值来绘制圆弧。

⊙ "圆心、起点、长度"命令：按顺序分别单击圆心、起点两个位置，再输入圆弧的长度值来绘制圆弧。

　提　示　若输入的角度值为正值，则按逆时针方向绘制圆弧；若该值为负值，则按顺时针方向绘制圆弧。若输入的弦长值和半径值为正值，则绘制 180° 范围内的圆弧；若输入的弦长值和半径值为负值，则绘制大于 180° 的圆弧。

绘制完圆弧后，启用"直线"命令，在"指定第一点"提示下按 Enter 键，可以绘制一条与圆弧相切的直线，如图 2-69 所示。

反之，完成直线绘制之后，启用"圆弧"命令，在"指定起点"提示下按 Enter 键，可以绘制一段与直线相切的圆弧。

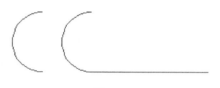

图 2-69

利用同样的方法可以连接后续绘制的圆弧。也可以利用菜单栏中的"绘图 > 圆弧 > 继续"命令连接后续绘制的圆弧。两种情况下，结果对象都与前一对象相切。

操作步骤如下：

命令: _line 指定第一点:　　　　　　　　　　//选择直线命令

直线长度: 50　　　　　　　　　　　　　　　//输入直线的长度值

指定下一点或 [放弃(U)]:　　　　　　　　　　//按 Enter 键

2. 绘制矩形和正多边形

◎ **绘制矩形**

利用"矩形"命令，通过指定矩形对角线上的两个端点即可绘制出矩形。此外，在绘制过程中，根据命令提示信息，还可绘制出倒角矩形和圆角矩形。

启用命令的方法如下。

⊙ 工 具 栏："绘图"工具栏中的"矩形"按钮。

⊙ 菜 单 命 令："绘图 > 矩形"。

⊙ 命 令 行：rec（rectang）。

选择"绘图 > 矩形"命令，绘制如图 2-70 所示的图形。操作步骤如下：

命令：_rectang   //选择矩形命令▭

指定第一个角点或 [倒角(C)/标高(E)/圆角(F)/厚度(T)/宽度(W)]:   //单击确定 A 点位置

指定另一个角点或[面积(A)/尺寸(D)/旋转(R)]: @150,-100   //输入 B 点的相对坐标

提示选项说明如下。

⊙ 倒角(C)：用于绘制带有倒角的矩形。

绘制带有倒角的矩形，如图 2-71 所示。操作步骤如下：

命令：_rectang   //选择矩形命令▭

指定第一个角点或 [倒角(C)/标高(E)/圆角(F)/厚度(T)/宽度(W)]: C   //选择"倒角"选项

指定矩形的第一个倒角距离<0.0000>: 20   //输入第一个倒角的距离值

指定矩形的第二个倒角距离<20.0000>: 20   //输入第二个倒角的距离值

指定第一个角点或 [倒角(C)/标高(E)/圆角(F)/厚度(T)/宽度(W)]:   //单击确定 A 点位置

指定另一个角点或 [面积(A)/尺寸(D)/旋转(R)]:   //单击确定 B 点位置

设置矩形的倒角时，如将第一个倒角距离与第二个倒角距离设置为不同数值，将会沿同一方向进行倒角，如图 2-72 所示。

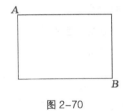
图 2-70

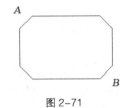
图 2-71

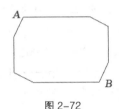
图 2-72

⊙ 标高(E)：用于确定矩形所在的平面高度。默认情况下，其标高为 0，即矩形位于 *xy* 平面内。

⊙ 圆角(F)：用于绘制带有圆角的矩形。

绘制带有圆角的矩形，如图 2-73 所示。操作步骤如下：

命令: _rectang   //选择矩形命令▭

指定第一个角点或 [倒角(C)/标高(E)/圆角(F)/厚度(T)/宽度(W)]: F   //选择"圆角"选项

指定矩形的圆角半径 <0.0000>: 20   //输入圆角的半径值

指定第一个角点或 [倒角(C)/标高(E)/圆角(F)/厚度(T)/宽度(W)]:   //单击确定 A 点位置

指定另一个角点或 [面积(A)/尺寸(D)/旋转(R)]:   //单击确定 B 点位置

⊙ 厚度(T)：设置矩形的厚度，用于绘制三维图形。

⊙ 宽度(W)：用于设置矩形的边线宽度。

绘制有边线宽度的矩形，如图 2-74 所示。操作步骤如下：

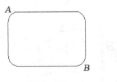

图 2-73

图 2-74

命令: _rectang   //选择矩形命令▭

指定第一个角点或 [倒角(C)/标高(E)/圆角(F)/厚度(T)/宽度(W)]: W

//选择"宽度"选项

指定矩形的线宽 <0.0000>: 2   //输入矩形的线宽值

指定第一个角点或 [倒角(C)/标高(E)/圆角(F)/厚度(T)/宽度(W)]:   //单击确定 A 点位置

指定另一个角点或 [面积(A)/尺寸(D)/旋转(R)]:   //单击确定 B 点位置

⊙ 面积(A)：通过指定面积和长度（或宽度）来绘制矩形。

利用"面积"选项来绘制矩形，如图 2-75 所示。操作步骤如下：

命令: _rectang   //选择矩形命令▢

指定第一个角点或 [倒角(C)/标高(E)/圆角(F)/厚度(T)/宽度(W)]:   //单击确定 A 点位置

指定另一个角点或 [面积(A)/尺寸(D)/旋转(R)]: A   //选择"面积"选项

输入以当前单位计算的矩形面积: 4000   //输入面积值

计算矩形标注时依据 [长度(L)/宽度(W)] <长度>: L   //选择"长度"选项

输入矩形长度: 80   //输入长度值

命令: _rectang   //选择矩形命令▢

指定第一个角点或 [倒角(C)/标高(E)/圆角(F)/厚度(T)/宽度(W)]:   //在绘图窗口中单击确定 C 点

指定另一个角点或 [面积(A)/尺寸(D)/旋转(R)]: A   //选择"面积"选项

输入以当前单位计算的矩形面积: 4000   //输入面积值

计算矩形标注时依据 [长度(L)/宽度(W)] <长度>: W   //选择"宽度"选项

输入矩形宽度 <50.0000>: 80   //输入宽度值

⊙ 尺寸(D)：用于分别设置长度、宽度和角点位置来绘制矩形。

利用"尺寸"选项来绘制矩形，如图 2-76 所示。操作步骤如下：

命令: _rectang   //选择矩形命令▢

指定第一个角点或 [倒角(C)/标高(E)/圆角(F)/厚度(T)/宽度(W)]:   //单击确定 A 点位置

指定另一个角点或 [面积(A)/尺寸(D)/旋转(R)]: D   //选择"尺寸"选项

指定矩形的长度<10.0000>: 150   //输入长度值

指定矩形的宽度<10.0000>: 100   //输入宽度值

指定另一个角点或 [面积(A)/尺寸(D)/旋转(R)]:   //在 A 点右下侧单击，确定 B 点位置

⊙ 旋转(R)：通过指定旋转角度来绘制矩形。

利用"旋转"选项来绘制矩形，如图 2-77 所示。操作步骤如下：

命令: _rectang   //选择矩形命令▢

指定第一个角点或 [倒角(C)/标高(E)/圆角(F)/厚度(T)/宽度(W)]:   //单击确定 A 点位置

指定另一个角点或 [面积(A)/尺寸(D)/旋转(R)]: R   //选择"旋转"选项

指定旋转角度或 [拾取点(P)] <0>: 60   //输入旋转角度值

指定另一个角点或 [面积(A)/尺寸(D)/旋转(R)]:   //单击确定 B 点位置

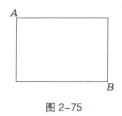
图 2-75

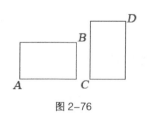
图 2-76

图 2-77

◎ **绘制正多边形**

在 AutoCAD 2010 中,正多边形是具有等长边的封闭图形,其边数为 3~1024。可以通过与假想圆内接或外切的方法来绘制正多边形,也可以通过指定正多边形某边的端点来绘制。

启用命令的方法如下。

⊙ 工 具 栏:"绘图"工具栏中的"正多边形"按钮⬡。

⊙ 菜单命令:"绘图 > 正多边形"。

⊙ 命 令 行:pol(polygon)。

选择"绘图 > 正多边形"命令,绘制如图 2-78 所示的图形。操作步骤如下:

命令: _polygon 输入边的数目 <4>: 6	//选择正多边形命令⬡,输入边的数目值
指定正多边形的中心点或 [边(E)]:	//单击确定中心点 A 点位置
输入选项 [内接于圆(I)/外切于圆(C)] <I>:	//按 Enter 键
指定圆的半径: 300	//输入圆的半径值

提示选项说明如下。

⊙ 边(E):通过指定边长的方式来绘制正多边形。

输入正多边形的边数后,再指定某条边的两个端点即可绘制出多边形,如图 2-79 所示。

操作步骤如下:

命令: _polygon 输入边的数目 <4>: 6	//选择正多边形命令⬡
指定正多边形的中心点或 [边(E)]: E	//选择"边"选项
指定边的第一个端点:	//单击确定 A 点位置
指定边的第二个端点: @300,0	//输入 B 点相对坐标值

⊙ 内接于圆(I):根据内接于圆的方式生成正多边形,如图 2-80 所示。

⊙ 外切于圆(C):根据外切于圆的方式生成正多边形,如图 2-81 所示。

图 2-78   图 2-79   图 2-80   图 2-81

2.3.4 【实战演练】——绘制六角螺母

利用"直线"工具✎、"圆"工具⊚和"正多边形"工具⬡来绘制六角螺母。(最终效果参看光盘中的"Ch02 > 效果 > 六角螺母",见图 2-82。)

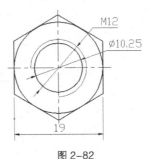

图 2-82

2.4 综合演练——绘制平垫圈

利用"直线"按钮、"偏移"工具、"修剪"按钮和"镜像"工具绘制平垫圈图形。（最终效果参看光盘中的"Ch02 > 效果 > 平垫圈"，见图2-83。）

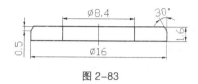

图 2-83

2.5 综合演练——绘制床头灯图形

利用"矩形"按钮、"直线"按钮、"圆"按钮和"修剪"按钮绘制床头灯图形。（最终效果参看光盘中的"Ch02 > 效果 > 床头灯"，见图2-84。）

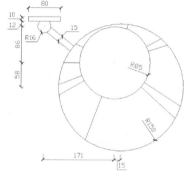

图 2-84

第3章 绘制复杂图形

本章主要介绍复杂图形的绘制方法，如椭圆、多线、多段线、样条曲线、剖面线、面域和边界。本章介绍的知识可帮助用户学习如何绘制复杂图形，为绘制完整工程图做好充分的准备。

 课堂学习目标

- 绘制椭圆和椭圆弧
- 绘制多线
- 绘制多段线
- 绘制样条曲线
- 绘制剖面线
- 创建面域
- 创建边界

3.1 绘制手柄图形

3.1.1 【操作目的】

使用"椭圆弧"和"圆弧"按钮绘制手柄图形。（最终效果参看光盘中的"Ch03 > 效果 > 手柄，见图 3-1。）

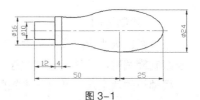

图 3-1

3.1.2 【操作步骤】

步骤 1 选择"文件 > 打开"命令，打开光盘中的"Ch03 > 素材 > 手柄.dwg"文件，如图 3-2 所示。

步骤 2 绘制椭圆弧。选择"椭圆弧"按钮 ⊙ 绘制手柄的顶部，图形效果如图 3-3 所示。

图 3-2

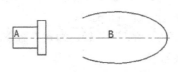

图 3-3

命令: _ellipse

指定椭圆的轴端点或 [圆弧(A)/中心点(C)]: _a

//选择椭圆弧工具 ⊙

指定椭圆弧的轴端点或 [中心点(C)]: c	//选择"中心点"选项，按 Enter 键
指定椭圆弧的中心点: _from 基点: <偏移>: @50,0	//选择"捕捉自"按钮，捕捉交点 A，输入椭圆弧中心点 B 到交点 A 相对位移
指定轴的端点: @25,0	//输入长半轴端点坐标
指定另一条半轴长度或 [旋转(R)]: 12	//输入短半轴的长度
指定起始角度或 [参数(P)]: -150	//输入起始角度
指定终止角度或 [参数(P)/包含角度(I)]: 150	//输入终止角度

步骤 3 绘制圆弧。选择"圆弧"按钮绘制过渡圆弧，图形效果如图 3-5 所示。

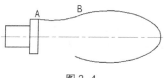

图 3-4 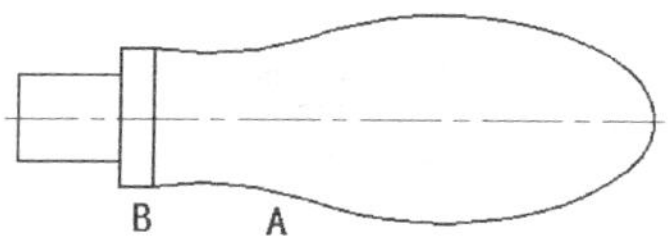   图 3-5

命令: _arc 指定圆弧的起点或 [圆心(C)]:	//选择圆弧工具，并捕捉交点 A
指定圆弧的第二个点或 [圆心(C)/端点(E)]:e	//选择"端点"选项
指定圆弧的端点:	//捕捉椭圆弧的端点 B
指定圆弧的圆心或 [角度(A)/方向(D)/半径(R)]: r	//选择"半径"选项
指定圆弧的半径: 40	//输入圆弧的半径，如图 3-4 所示
命令: _arc 指定圆弧的起点或 [圆心(C)]:	//按 Enter 键，重复圆弧工具，并捕捉端点 A
指定圆弧的第二个点或 [圆心(C)/端点(E)]:e	//选择"端点"选项
指定圆弧的端点:	//捕捉交点 B
指定圆弧的圆心或 [角度(A)/方向(D)/半径(R)]:r	//选择"半径"选项
指定圆弧的半径: 40	//输入圆弧的半径

3.1.3 【相关工具】

1. 绘制椭圆和椭圆弧

◎ **绘制椭圆**

椭圆的大小由定义其长度和宽度的两条轴决定。其中较长的轴称为长轴，较短的轴称为短轴。在绘制椭圆时，长轴、短轴次序与定义轴线的次序无关。绘制椭圆的默认方法是通过指定椭圆第一根轴线的两个端点及另一半轴的长度。

启用命令的方法如下。

⊙ 工 具 栏："绘图"工具栏中的"椭圆"按钮。

⊙ 菜 单 命 令："绘图 > 椭圆 > 轴、端点"。

⊙ 命 令 行：el（ellipse）。

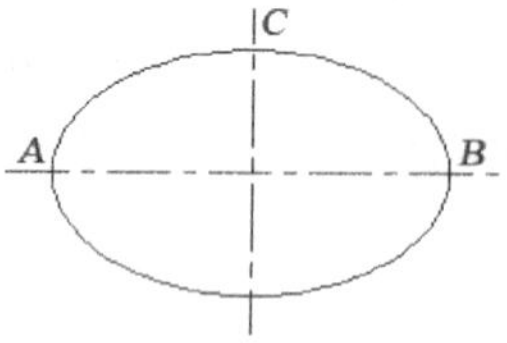

选择"绘图 > 椭圆 > 轴、端点"命令，绘制如图 3-6 所示的图形。操作步骤如下：

图 3-6

命令: _ellipse	//选择椭圆命令
指定椭圆的轴端点或 [圆弧(A)/中心点(C)]:	//单击确定轴线端点 *A*
指定轴的另一个端点:	//单击确定轴线端点 *B*

指定另一条半轴长度或 [旋转(R)]:　　　　　　　　//在 C 点处单击确定另一条半轴长度

◎　**绘制椭圆弧**

椭圆弧的绘制方法与椭圆相似，首先要确定其长轴和短轴，然后确定椭圆弧的起始角和终止角。
启用命令的方法如下。

   ⊙　工 具 栏："绘图"工具栏中的"椭圆弧"按钮 。

   ⊙　菜 单命令："绘图 > 椭圆 > 圆弧"。

选择"绘图 > 椭圆 > 圆弧"命令，绘制如图 3-7 所示的图形。操作

图 3-7

步骤如下：

命令: _ellipse

  指定椭圆的轴端点或 [圆弧(A)/中心点(C)]: _a　　　　//选择椭圆弧命令

  指定椭圆弧的轴端点或 [中心点(C)]:　　　　　　　//单击确定长轴的端点 A 点

  指定轴的另一个端点:　　　　　　　　　　　　//单击确定长轴的另一个端点 B 点

  指定另一条半轴长度或 [旋转(R)]:　　　　　　//单击确定短轴半轴端点 C 点

  指定起始角度或 [参数(P)]: 0　　　　　　　　//输入起始角度值

  指定终止角度或 [参数(P)/包含角度(I)]: 200　　　//输入终止角度值

 技 巧　　椭圆的起始角与椭圆的长、短轴定义顺序有关。当定义的第一条轴为长轴时，椭圆的起始角在第一个端点位置；当定义的第一条轴为短轴时，椭圆的起始角在第一个端点处逆时针旋转 90° 后的位置上。

利用"椭圆"命令绘制一条椭圆弧，如图 3-8 所示。操作步骤如下：

命令:_ellipse　　　　　　　　　　　　　　　//选择椭圆命令

  指定椭圆的轴端点或 [圆弧(A)/中心点(C)]: A　　　//选择"圆弧"选项

  指定椭圆弧的轴端点或 [中心点(C)]:　　　　　　//单击确定椭圆的轴端点

  指定轴的另一个端点:　　　　　　　　　　　　//单击确定椭圆的另一个轴端点

  指定另一条半轴长度或 [旋转(R)]:　　　　　　//单击确定椭圆的另一条半轴端点

  指定起始角度或[参数(P)]:　　　　　　　　　//单击确定起始角度

  指定终止角度或[参数(P)/包含角度(I)]:　　　　//单击确定终止角度

图 3-8

2. 绘制多线

在建筑工程设计图中，多线一般用来绘制墙体等具有多条相互平行直线
的图形对象。

◎　**多线的绘制**

多线是指多条相互平行的直线。在绘制过程中，用户可以编辑和调整平
行直线之间的距离、线的数量、线条的颜色和线型等属性。

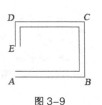

图 3-9

启用命令的方法如下。

⊙ 菜单命令："绘图 > 多线"。

⊙ 命 令 行：ml（mline）。

选择"绘图 > 多线"命令，绘制如图 3-9 所示的图形。操作步骤如下：

命令: _mline	//选择多线菜单命令
当前设置: 对正 = 无, 比例 = 20.00, 样式 = STANDARD	
指定起点或 [对正(J)/比例(S)/样式(ST)]:	//单击确定 *A* 点位置
指定下一点:	//单击确定 *B* 点位置
指定下一点或 [放弃(U)]:	//单击确定 *C* 点位置
指定下一点或 [闭合(C)/放弃(U)]:	//单击确定 *D* 点位置
指定下一点或 [闭合(C)/放弃(U)]:	//单击确定 *E* 点位置
指定下一点或 [闭合(C)/放弃(U)]:	//按 Enter 键

◎ **设置多线样式**

多线的样式决定多线中线条的数量、线条的颜色和线型、直线间的距离等。用户还能指定多线封口的形式为弧形或直线形，根据需要可以设置多种不同的多线样式。

启用命令的方法如下。

⊙ 菜单命令："格式 > 多线样式"。

⊙ 命 令 行：mlstyle。

选择"格式 > 多线样式"命令，弹出"多线样式"对话框，如图 3-10 所示，通过该对话框可设置多线的样式。

"多线样式"对话框中部分选项的功能如下。

⊙ "样式"列表框：显示所有已定义的多线样式。

⊙ "说明"文本框：显示对当前多线样式的说明。

⊙ 加载(L)... 按钮：用于加载已定义的多线样式。单击该按钮，会弹出"加载多线样式"对话框，如图 3-11 所示，从中可以选择多线的样式或从文件中加载多线样式。

⊙ 新建(N)... 按钮：用于新建多线样式。单击该按钮，会弹出"新建多线样式"对话框，如图 3-12 所示，在这里可以新建多线样式。

图 3-10

图 3-11

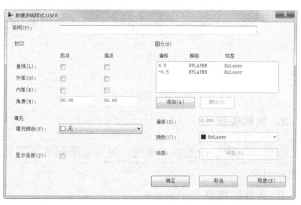

图 3-12

"新建多线样式"对话框中各选项的功能如下。

⊙ "说明"文本框：对所定义的多线样式进行说明，其文本不能超过 256 个字符。

⊙ "封口"选项组：该选项组中的"直线"、"外弧"、"内弧"复选框和"角度"分别用于将多线的封口设置为直线、外弧、内弧和角度形状，如图 3-13 所示。

图 3-13

⊙ "填充"列表框：用于设置填充的颜色，如图 3-14 所示。

无填充颜色　　　　　有填充颜色

图 3-14

⊙ "显示连接"复选框：用于选择是否在多线的拐角处显示连接线。若选择该复选框，则多线如图 3-15 所示；否则将不显示连接线，如图 3-16 所示。

⊙ "元素"列表框：用于显示多线中线条的偏移量、颜色和线型。

⊙ 添加(A) 按钮：用于添加一条新线，其偏移量可在"偏移"数值框中输入。

⊙ 删除(D) 按钮：用于删除在"元素"列表中选定的直线元素。

⊙ "偏移"数值框：为多线样式中的每个元素指定偏移值。

⊙ "颜色"列表框：用于设置"元素"列表中选定的直线元素的颜色。单击"颜色"列表框，可在下拉列表中选定直线的颜色。如果选择"选择颜色"选项，将弹出"选择颜色"对话框，如图 3-17 所示。通过"选择颜色"对话框，用户可以选择更多的颜色。

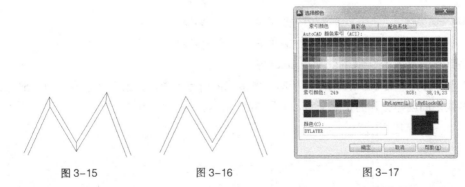

图 3-15　　　　　图 3-16　　　　　图 3-17

⊙ 线型(Y)... 按钮：用于设置"元素"列表框中选定的直线元素的线型。单击 线型(Y)... 按钮，会弹出"选择线型"对话框，用户可以在"已加载的线型"列表框中选择一种线型设置，如图 3-18 所示。

单击 加载(L)... 按钮，可在弹出的"加载或重载线型"对话框中选择需要的线型，如图 3-19 所示。单击 确定 按钮，会将选中的线型加载到"选择线型"对话框中。在列表框中选择加载的线型，然后单击 <u>确定</u> 按钮，所选的直线元素的线型就会被修改。

图 3-18

图 3-19

◎ **编辑多线**

绘制完成的多线一般需要经过编辑，才能符合绘图需要。用户可以对已经绘制的多线进行编辑，修改其形状。

启用命令的方法如下。

⊙ 菜单命令："修改 > 对象 > 多线"。

⊙ 命 令 行：mledit。

选择"修改 > 对象 > 多线"命令，弹出"多线编辑工具"对话框，从中可以选择相应的命令按钮来编辑多线，如图 3-20 所示。

"多线编辑工具"对话框以 4 列显示样例图像：第 1 列控制十字交叉的多线，第 2 列控制 T 形相交的多线，第 3 列控制角点结合和顶点，第 4 列控制多线中的打断和结合。

"多线编辑工具"对话框中各选项的功能如下。

图 3-20

⊙ "十字闭合"命令：用于在两条多线之间创建闭合的十字交点，如图 3-21 所示。操作步骤如下：

命令:_mledit	//选择"修改 > 对象 > 多线"命令，弹出"多线编辑工具"对话框，选择"十字闭合"命令
选择第一条多线:	//在左图的 *A* 点处单击多线
选择第二条多线:	//在左图的 *B* 点处单击多线
选择第一条多线或 [放弃(U)]:	//按 Enter 键

⊙ "十字打开"命令：用于打断第 1 条多线的所有元素，打断第 2 条多线的外部元素，并在两条多线之间创建打开的十字交点，如图 3-22 所示。

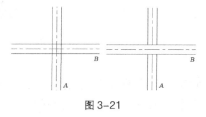

图 3-21

图 3-22

⊙ "十字合并"命令：用于在两条多线之间创建合并的十字交点。其中，多线的选择次序并不重要，如图 3-23 所示。

⊙ "T 形闭合"命令：将第 1 条多线修剪或延伸到与第 2 条多线的交点处，在两条多线之间创建闭合的 T 形交点。利用该命令对多线进行编辑，效果如图 3-24 所示。

⊙ "T 形打开" 命令 ⯐ ：将多线修剪或延伸到与另一条多线的交点处，在两条多线之间创建打开的 T 形交点，如图 3-25 所示。

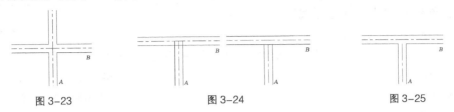

图 3-23   图 3-24   图 3-25

⊙ "T 形合并" 命令 ⯐ ：将多线修剪或延伸到与另一条多线的交点处，在两条多线之间创建合并的 T 形交点，如图 3-26 所示。

⊙ "角点结合" 命令 ⌐ ：将多线修剪或延伸到它们的交点处，在多线之间创建角点结合。利用该命令对多线进行编辑，效果如图 3-27 所示。

图 3-26   图 3-27

⊙ "添加顶点" 命令 ⯐ ：用于向多线上添加一个顶点。利用该命令在 A 点处添加顶点，效果如图 3-28 所示。

⊙ "删除顶点" 命令 ⯑ ：用于从多线上删除一个顶点。利用该命令将 A 点处的顶点删除，效果如图 3-29 所示。

图 3-28   图 3-29

⊙ "单个剪切" 命令 ⯐ ：用于剪切多线上选定的元素。利用该命令将 AB 段线条删除，效果如图 3-30 所示。

⊙ "全部剪切" 命令 ⯐ ：用于将多线剪切为两个部分。利用该命令将 A、B 点之间的所有多线删除，效果如图 3-31 所示。

⊙ "全部接合" 命令 ⯐ ：用于将已被剪切的多线线段重新接合起来。利用该命令可将多线连接起来，效果如图 3-32 所示。

图 3-30   图 3-31   图 3-32

3. 绘制多段线

多段线是由线段和圆弧构成的连续线条，是一个单独的图形对象。在绘制过程中，用户可以设置不同的线宽，这样便可绘制锥形线。

启用命令的方法如下。

⊙ 工 具 栏：“绘图”工具栏中的“多段线”按钮。

⊙ 菜单命令：“绘图 > 多段线”。

⊙ 命 令 行：pl（pline）。

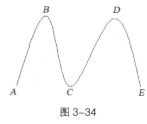

图 3-33

选择“绘图 > 多段线”命令，绘制如图 3-33 所示的图形。操作步骤如下：

命令: _pline	//选择多段线命令
指定起点:	//单击确定 *A* 点位置
当前线宽为 0.0000	
指定下一个点或 [圆弧(A)/半宽(H)/长度(L)/放弃(U)/宽度(W)]: @1000,0	
	//输入 B 点的相对坐标
指定下一点或 [圆弧(A)/闭合(C)/半宽(H)/长度(L)/放弃(U)/宽度(W)]: a	//选择“圆弧”选项
指定圆弧的端点或	
[角度(A)/圆心(CE)/闭合(CL)/方向(D)/半宽(H)/直线(L)/半径(R)/第二个点(S)/放弃(U)/宽度(W)]: r	
	//选择“半径”选项
指定圆弧的半径: 320	//输入半径值
指定圆弧的端点或 [角度(A)]: a	//选择“角度”选项
指定包含角: 180	//输入包含角
指定圆弧的弦方向 <0>: 90	//输入圆弧弦方向的角度值
指定圆弧的端点或	
[角度(A)/圆心(CE)/闭合(CL)/方向(D)/半宽(H)/直线(L)/半径(R)/第二个点(S)/放弃(U)/宽度(W)]: l	
	//选择“直线”选项
指定下一点或 [圆弧(A)/闭合(C)/半宽(H)/长度(L)/放弃(U)/宽度(W)]: @-1000,0	
	//输入 D 点的相对坐标
指定下一点或 [圆弧(A)/闭合(C)/半宽(H)/长度(L)/放弃(U)/宽度(W)]: c	//选择“闭合”选项

4. 绘制样条曲线

样条曲线是由多条线段光滑过渡组成的，其形状是由数据点、拟合点及控制点来控制的。其中，数据点是在绘制样条曲线时由用户确定的；拟合点及控制点是由系统自动产生的，用来编辑样条曲线。

启用命令的方法如下。

⊙ 工 具 栏：“绘图”工具栏中的“样条曲线”按钮。

⊙ 菜单命令：“绘图 > 样条曲线”。

⊙ 命 令 行：spl（spline）。

选择“绘图 > 样条曲线”命令，绘制如图 3-34 所示的图形。操作步骤如下：

图 3-34

命令: _spline	//选择样条曲线命令
指定第一个点或 [对象(O)]:	//单击确定 *A* 点位置
指定下一点:	//单击确定 *B* 点位置
指定下一点或 [闭合(C)/拟合公差(F)] <起点切向>:	//单击确定 *C* 点位置

指定下一点或 [闭合(C)/拟合公差(F)] <起点切向>: //单击确定 *D* 点位置

指定下一点或 [闭合(C)/拟合公差(F)] <起点切向>: //单击确定 *E* 点位置

指定下一点或 [闭合(C)/拟合公差(F)] <起点切向>: //按 Enter 键

指定起点切向: //移动鼠标，单击确定起点方向

指定端点切向: //移动鼠标，单击确定端点方向

提示选项说明如下。

⊙ 对象(O)：将二维或三维的二次或三次样条拟合多段线转换成等价的样条曲线，并删除多段线。

⊙ 闭合(C)：用于绘制封闭的样条曲线。

⊙ 拟合公差(F)：用于设置拟合公差。拟合公差是样条曲线与输入点之间所允许偏移的最大距离。当给定拟合公差时，绘制的样条曲线不是都通过输入点。如果公差设置为 0，样条曲线通过拟合点；如果公差设置大于 0，将使样条曲线在指定的公差范围内通过拟合点，如图 3-35 所示。

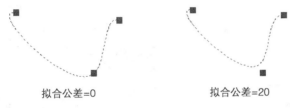

拟合公差=0   拟合公差=20

图 3-35

⊙ "起点切向"与"端点切向"：用于定义样条曲线的第一点和最后一点的切向，如图 3-36 所示。如果按 Enter 键，AutoCAD 2010 将默认切向。

起点切向   端点切向

图 3-36

3.1.4 【实战演练】——绘制吸顶灯图形

利用"椭圆"工具 ⊙ 绘制吸顶灯图形。（最终效果参看光盘中的"Ch03 > 效果 > 吸顶灯"，见图 3-37。）

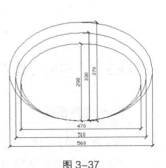

图 3-37

3.2 / 绘制工字钢剖面图

3.2.1 【操作目的】

利用图案填充命令绘制工字钢剖面图。（最终效果参看光盘中的"Ch03 > 效果 > 工字钢剖面图"，见图 3-38。）

3.2.2 【操作步骤】

步骤 1 打开文件并设置图层。打开光盘中的"Ch03 > 素材 > 工字钢.dwg"
文件，图形如图 3-39 所示。单击"图层"工具栏的下拉列表，从中选择
"剖面线"选项。

步骤 2 填充图形。选择"图案填充"按钮，弹出"图案填充编辑"对话
框。单击"图案"列表框，弹出下拉列表，如图 3-40 所示，从中选择"ANSI31"
选项。单击"比例"列表框，弹出下拉列表，如图 3-41 所示，从中选择"2"选项。单击"添
加：拾取点"选项左侧的按钮，如图 3-42 所示。然后在绘图窗口中图形内部的 A 点处单
击鼠标，如图 3-43 所示。完成后按 Enter 键。

步骤 3 预览图形。单击"边界图案填充"对话框中的 预览 按钮即可预览图形，此时绘图窗
口中的图形如图 3-44 所示。单击鼠标右键或按 Enter 键即可完成剖面线的绘制。

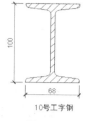

图 3-38

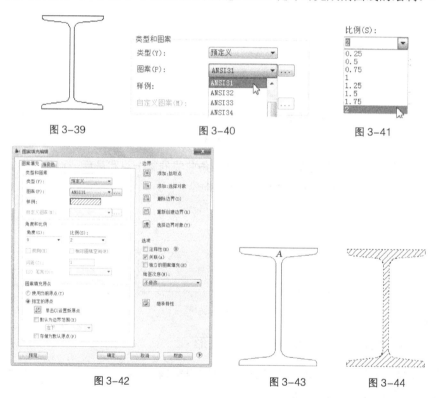

图 3-39　　　图 3-40　　　图 3-41

图 3-42　　　图 3-43　　图 3-44

3.2.3 【相关工具】

1. 创建剖面线

为了提高用户的绘图工作效率，AutoCAD 2010 提供了图案填充功能来绘制剖面线。

图案填充是利用某种图案充满图形中的指定封闭区域。AutoCAD 2010 提供多种标准的填充
图案，用户还可根据需要自定义图案。在填充过程中，用户可以通过填充工具来控制图案的疏密、
剖面线条及倾角角度。

启用命令的方法如下。

⊙ 工 具 栏："绘图"工具栏中的"图案填充"按钮 。

⊙ 菜单命令："绘图 > 图案填充"。

⊙ 命 令 行：bh（bhatch）。

选择"绘图 > 图案填充"命令，弹出"图案填充和渐变色"对话框，如图3-45所示。在这里可以定义图案填充和渐变填充对象的边界、图案类型、图案特性和其他特性。

◎ **选择填充区域**

在"图案填充和渐变色"对话框中，右侧排列的按钮和选项用于选择图案填充的区域。这些按钮与选项的位置是固定的，无论选择哪个选项卡都可发生作用。

"边界"选项组中列出的是选择图案填充区域的方式。

图 3-45

⊙ "添加：拾取点"按钮 ：用于根据图中现有的对象自动确定填充区域的边界。该方式要求这些对象必须构成一个闭合区域。对话框将暂时关闭，系统提示用户拾取一个点。

单击"添加：拾取点"按钮 ，关闭"图案填充和渐变色"对话框。在闭合区域 A、B 内单击确定图案填充的边界，如图3-46所示。然后单击鼠标右键，弹出快捷菜单，如图 3-47 所示。选择"预览"命令，可以预览图案填充的效果，如图3-48所示。

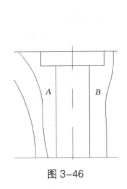

确认(E)
放弃上一次的选择/拾取/绘图(U)
全部清除(C)
✓ 拾取内部点(P)
选择对象(S)
删除边界(R)
图案填充原点(H)　　▶
✓ 普通孤岛检测(N)
外部孤岛检测(O)
忽略孤岛检测(I)
预览(V)

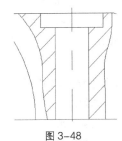

图 3-46　　　　　　　　　图 3-47　　　　　　　　图 3-48

命令：_bhatch　　　　　　　　　　　　//单击"图案填充"按钮 ，在弹出的"图案填充和渐变色"对话框中单击"添加：拾取点"按钮

拾取内部点或 [选择对象(S)/删除边界(B)]：正在选择所有对象…　　//在 A 点处单击

正在选择所有可见对象…

正在分析所选数据…

正在分析内部孤岛…

拾取内部点或 [选择对象(S)/删除边界(B)]：　　//在 B 点处单击

正在分析内部孤岛…

拾取内部点或 [选择对象(S)/删除边界(B)]：　　//单击鼠标右键，弹出快捷菜单，选择"预览"命令

<预览填充图案>

拾取或按 Esc 键返回到对话框或 <单击右键接受图案填充>：

　　　　　　　　　　　　　　　//单击鼠标右键，填充图案效果如图3-48所示

⊙ "添加：选择对象"按钮 ：用于选择图案填充的边界对象，该方式需要用户逐一选择图案填充的边界对象，选中的边界对象将变为虚线，如图3-49所示，AutoCAD 不会自动检测内部

对象。填充图案后的效果如图 3-50 所示。操作步骤如下：

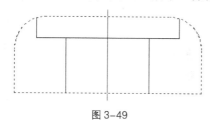

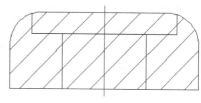

图 3-49　　　　　　　　　　　图 3-50

命令: _bhatch　　　　　　　　　　//单击"图案填充"按钮，在弹出的"图案填充与渐变色"对话框中单击"添加: 选择对象"按钮

选择对象或 [拾取内部点(K)/删除边界(B)]: 找到 1 个　　//依次选择图形边界线段，如图 3-49 所示

选择对象或 [拾取内部点(K)/删除边界(B)]: 找到 1 个，总计 2 个

选择对象或 [拾取内部点(K)/删除边界(B)]: 找到 1 个，总计 3 个

选择对象或 [拾取内部点(K)/删除边界(B)]: 找到 1 个，总计 4 个

选择对象或 [拾取内部点(K)/删除边界(B)]: 找到 1 个，总计 5 个

选择对象或 [拾取内部点(K)/删除边界(B)]: 找到 1 个，总计 6 个

选择对象或 [拾取内部点(K)/删除边界(B)]:　　　//单击鼠标右键，弹出快捷菜单，选择"预览"命令

<预览填充图案>

拾取或按 Esc 键返回到对话框或 <单击右键接受图案填充>:　　//单击鼠标右键

⊙ "删除边界"按钮：用于从边界定义中删除以前添加的任何对象。删除边界的图案填充效果如图 3-54 所示。操作步骤如下：

命令: _bhatch　　　　　　　　　　//单击"图案填充"按钮，在弹出的"图案填充和渐变色"对话框中单击"添加: 拾取点"按钮

拾取内部点或 [选择对象(S)/删除边界(B)]:　　//在如图 3-51 所示的 A 点附近单击

正在选择所有对象...

正在选择所有可见对象...

正在分析所选数据...

正在分析内部孤岛...

拾取内部点或 [选择对象(S)/删除边界(B)]:　　//按 Enter 键，返回"图案填充和渐变色"对话框，单击"删除边界"按钮

选择对象或 [添加边界(A)]:　　//单击选择圆 B，如图 3-52 所示

选择对象或 [添加边界(A)/放弃(U)]:　　//按 Enter 键，返回"图案填充和渐变色"对话框，单击 确定 按钮，图案填充效果如图 3-53 所示

若用户没有单击"删除边界"按钮，即不删除边界时的图案填充效果如图 3-54 所示。

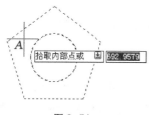　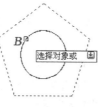　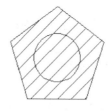　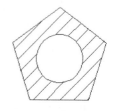

图 3-51　　　　　图 3-52　　　　　图 3-53　　　　　图 3-54

⊙ "重新创建边界"按钮：围绕选定的图案填充或填充对象创建多段线或面域，并使其与图案填充对象相关联（可选）。如果未定义图案填充，则此选项不可用。

⊙ "查看选择集"按钮：单击"查看选择集"按钮，系统将显示当前选择的填充边界。如果未定义边界，则此选项不可用。

在"选项"选项组中，可以控制几个常用的图案填充或填充选项。

⊙ "关联"复选框：用于创建关联图案填充。关联图案填充是指图案与边界相链接，当用户修改其边界时，填充图案将自动更新。

⊙ "创建独立的图案填充"复选框：用于控制当指定了几个独立的闭合边界时，是创建单个图案填充对象，还是创建多个图案填充对象。

⊙ "绘图次序"下拉列表框：用于指定图案填充的绘图顺序。图案填充可以放在所有其他对象之后、所有其他对象之前、图案填充边界之后或图案填充边界之前。

⊙ "继承特性"按钮：用指定图案的填充特性填充到指定的边界。单击"继承特性"按钮，并选择某个已绘制的图案，AutoCAD 可将该图案的特性填充到当前填充区域中。

◎ **设置图案样式**

在"图案填充"选项卡中，"类型和图案"选项组可以用来选择图案填充的样式。在"图案"下拉列表中可选择图案的样式，如图 3-55 所示。所选择的样式将在其下的"样例"显示框中显示。

图 3-55

单击"图案"下拉列表框右侧的 ···· 按钮或单击"样例"显示框，会弹出"填充图案选项板"对话框，如图 3-56 所示，其中列出了所有预定义图案的预览图像。

"填充图案选项板"对话框中各选项卡的功能如下。

⊙ "ANSI"选项卡：用于显示 AutoCAD 附带的所有 ANSI 标准图案。

⊙ "ISO"选项卡：用于显示 AutoCAD 附带的所有 ISO 标准图案，如图 3-57 所示。

⊙ "其他预定义"选项卡：用于显示所有其他样式的图案，如图 3-58 所示。

⊙ "自定义"选项卡：用于显示所有已添加的自定义图案。

图 3-56

图 3-57

图 3-58

◎ 设置图案的角度和比例

在"图案填充"选项卡中,"角度和比例"选项组可以用来定义图案填充的角度和比例。"角度"下拉列表框用于选择预定义填充图案的角度,用户也可在该列表框中输入其他角度值。设置角度的填充效果如图 3-59 所示。

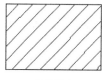
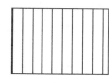

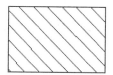

角度为 0°   角度为 45°   角度为 90°

图 3-59

"比例"下拉列表框用于指定放大或缩小预定义或自定义图案,用户也可在该列表框中输入其他缩放比例值。设置比例的填充效果如图 3-60 所示。

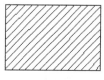
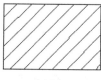

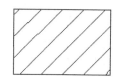

比例为 0.5   比例为 1   比例为 1.5

图 3-60

◎ 设置图案填充原点

在"图案填充"选项卡中,"图案填充原点"选项组用来控制填充图案生成的起始位置,如图 3-61 所示。某些图案填充(如砖块图案)需要与图案填充边界上的一点对齐。默认情况下,所有图案填充原点都对应于当前的 UCS 原点。

⊙ "使用当前原点"单选项:使用存储在系统变量中的设置。默认情况下,原点设置为(0,0)。

⊙ "指定的原点"单选项:指定新的图案填充原点。

⊙ "单击以设置新原点"按钮 :直接指定新的图案填充原点。

⊙ "默认为边界范围"复选框:基于图案填充的矩形范围计算出新原点。可以选择该范围的 4 个角点及其中心,如图 3-62 所示。

⊙ "存储为默认原点"复选框:将新图案填充原点的值存储在系统变量中。

图 3-61

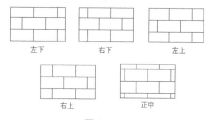

图 3-62

◎ 控制孤岛

在"图案填充和渐变色"对话框中,单击"更多选项"按钮 ,展开其他选项,可以控制孤岛的样式,此时对话框如图 3-63 所示。

图 3-63

在"孤岛"选项组中，可以设置孤岛检测及显示样式。

⊙ "孤岛检测"复选框：控制是否检测内部闭合边界。

⊙ "普通"单选项 ⬤：从外部边界向内填充。如果 AutoCAD 遇到一个内部孤岛，它将停止进行图案填充，直到遇到该孤岛内的另一个孤岛。其填充效果如图 3-64 所示。

⊙ "外部"单选项 ⬤：从外部边界向内填充。如果 AutoCAD 遇到内部孤岛，它将停止进行图案填充。此选项只对结构的最外层进行图案填充，而结构内部保留空白。其填充效果如图 3-65 所示。

⊙ "忽略"单选项 ▨：忽略所有内部的对象，填充图案时将通过这些对象。其填充效果如图 3-66 所示。

图 3-64   图 3-65   图 3-66

在"边界保留"选项组中，可以指定是否将边界保留为对象，并确定应用于这些对象的对象类型。

⊙ "保留边界"复选框：根据临时图案填充边界创建边界对象，并将它们添加到图形中。

⊙ "对象类型"列表框：控制新边界对象的类型。结果边界对象可以是面域或多段线对象。仅当选中"保留边界"时，此选项才可用。

在"边界集"选项组中，可以定义当从指定点定义边界时要分析的对象集。当使用"选择对象"定义边界时，选定的边界集无效。

⊙ "新建"按钮 ：提示用户选择用来定义边界集的对象。

在"允许的间隙"选项组中，可以设置将对象用作图案填充边界时可以忽略的最大间隙。默认值为 0，此值指定对象必须封闭区域而没有间隙。

⊙ "公差"文本框：按图形单位输入一个值（从 0～5000），以设置将对象用作图案填充边界时可以忽略的最大间隙。任何小于等于指定值的间隙都将被忽略，并将边界视为封闭。

在"继承选项"选项组中，使用"继承特性"创建图案填充时，这些设置将控制图案填充原点的位置。

- ⊙ "使用当前原点"单选项：使用当前的图案填充原点设置。
- ⊙ "使用源图案填充的原点"单选项：使用源图案填充的图案填充原点。

◎ **设置渐变色填充**

在"图案填充和渐变色"对话框中，选择"渐变色"选项卡，可以将填充图案设置为渐变色，此时对话框如图 3-67 所示。

"颜色"选项组用于设置渐变色的颜色。

- ⊙ "单色"单选项：用于指定使用从较深着色到较浅色调平滑过渡的单色填充。单击 按钮，弹出"选择颜色"对话框，从中可以选择系统提供的索引颜色、真彩色或配色系统颜色，如图 3-68 所示。
- ⊙ "渐暗—渐明"滑块：用于指定渐变色为选定颜色与白色的混合，或为选定颜色与黑色的混合，用于渐变填充。
- ⊙ "双色"单选项：用于指定在两种颜色之间平滑过渡的双色渐变填充。AutoCAD 会分别为"颜色 1"和"颜色 2"显示带有浏览按钮的颜色样例，如图 3-69 所示。

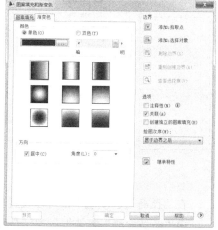

图 3-67

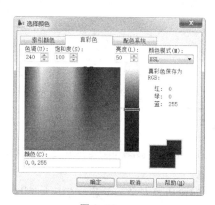

图 3-68

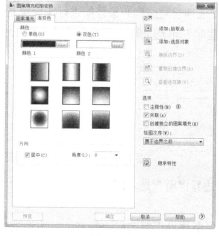

图 3-69

"渐变图案区域"列出了 9 种固定的渐变图案的图标，单击图标即可选择线状、球状、抛物面状等图案填充方式。

"方向"选项组用于指定渐变色的角度以及其是否对称。

- ⊙ "居中"复选框：用于指定对称的渐变配置。如果没有选定此选项，渐变填充将朝左上方变化，创建光源在对象左边的图案。
- ⊙ "角度"选项：用于指定渐变填充的角度。该选项相对当前 UCS 指定角度，与指定给图案填充的角度互不影响。

◎ **编辑图案填充**

如果对填充图案感到不满意，用户可随时进行修改。可以使用编辑工具对填充图案进行编辑，也可以使用 AutoCAD 提供的用于填充图案修改的工具进行编辑。

启用命令的方法如下。

⊙ 工 具 栏：“修改Ⅱ”工具栏中的“编辑图案填充”按钮。

⊙ 菜单命令：“修改 > 对象 > 图案填充”。

⊙ 命 令 行：hatchedit。

选择“修改 > 对象 > 图案填充”命令，选择需要编辑的图案填充对象，弹出“图案填充编辑”对话框，如图 3-70 所示。有许多选项都以灰色显示，表示不可选择或不可编辑。修改完成后，单击 预览 按钮进行预览；单击 确定 按钮，确定图案填充的编辑。

图 3-70

提　示 在需要编辑的图案填充对象上双击，也可以弹出“图案填充编辑”对话框。

2. 创建面域

在 AutoCAD 2010 中，用户不能直接绘制面域，需要利用现有的封闭对象，或者由多个对象组成的封闭区域和系统提供的“面域”命令来创建面域。

启用命令的方法如下。

⊙ 工 具 栏：“绘图”工具栏中的“面域”按钮。

⊙ 菜单命令：“绘图 > 面域”。

⊙ 命 令 行：reg（region）。

选择“绘图 > 面域”命令，选择一个或多个封闭对象，或者组成封闭区域的多个对象，然后按 Enter 键，即可创建面域，效果如图 3-71 所示。操作步骤如下：

命令: _region　　　　　　　　　　　　//选择面域命令

选择对象: 指定对角点: 找到 4 个　　　　//利用框选方式选择图形边界

选择对象:　　　　　　　　　　　　　　//按 Enter 键

已提取 1 个环。

已创建 1 个面域。

在创建面域之前，选择正六边形，图形显示如图 3-72 所示。在创建面域之后，选择正六边形，图形显示如图 3-73 所示。

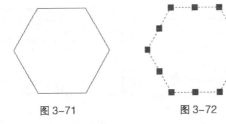

图 3-71　　　　　　　　　　　图 3-72

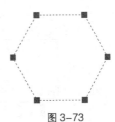

图 3-73

提 示 默认情况下，AutoCAD 在创建面域时将删除原对象，如果用户希望保留原对象，则需要将 DELOBJ 系统变量设置为 0。

3. 编辑面域

通过编辑面域可创建边界较为复杂的图形。在 AutoCAD 2010 中用户可对面域进行 3 种布尔操作，即并运算、差运算和交运算，其效果如图 3-74 所示。

原面域

并运算

差运算

交运算

图 3-74

◎ **并运算操作**

并运算操作是将所有选中的面域合并为一个面域。利用"并集"命令即可进行并运算操作。启用命令的方法如下。

⊙ 工 具 栏："实体编辑"工具栏中的"并集"按钮 。

⊙ 菜单命令："修改 > 实体编辑 > 并集"。

选择"修改 > 实体编辑 > 并集"命令，然后选择相应的面域，按 Enter 键对所有选中的面域进行并运算操作，完成后创建一个新的面域。操作步骤如下：

命令: _region   //选择面域命令
选择对象: 找到 1 个   //单击选择矩形 *A*，如图 3-75 所示
选择对象: 找到 1 个，总计 2 个   //单击选择矩形 *B*，如图 3-75 所示
选择对象: //按 Enter 键
已提取 2 个环。
已创建 2 个面域。   //创建了 2 个面域
命令: _union   //选择并集命令
选择对象: 找到 1 个   //单击选择矩形 *A*，如图 3-75 所示
选择对象: 找到 1 个，总计 2 个   //单击选择矩形 *B*，如图 3-75 所示
选择对象: //按 Enter 键，如图 3-76 所示

 提 示 若用户选取的面域并未相交，AutoCAD 也可将其合并为一个新的面域。

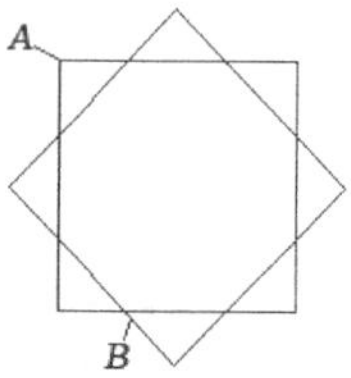

图 3-75

图 3-76

◎ **差运算操作**

差运算操作是从一个面域中减去一个或多个面域，来创建一个新的面域。利用"差集"命令即可进行差运算操作。

启用命令的方法如下。

⊙ 工 具 栏："实体编辑"工具栏中的"差集"按钮 。

⊙ 菜 单 命 令："修改 > 实体编辑 > 差集"。

⊙ 命 令 行：subtract。

选择"修改 > 实体编辑 > 差集"命令，首先选择第一个面域，按 Enter 键，接着依次选择其他要减去的面域，按 Enter 键即可进行差运算操作，完成后创建一个新面域。操作步骤如下：

命令：_region   //选择面域命令

选择对象：指定对角点：找到 2 个   //利用框选方式选择 2 个矩形，如图 3-77 所示

选择对象：   //按 Enter 键

已提取 2 个环。

已创建 2 个面域。   //创建了 2 个面域

命令：_subtract 选择要从中减去的实体或面域... //选择差集命令

选择对象：找到 1 个   //单击选择矩形 A，如图 3-77 所示

选择对象：   //按 Enter 键

选择要减去的实体或面域 ...

选择对象：找到 1 个   //单击选择矩形 B，如图 3-77 所示

选择对象：   //按 Enter 键，如图 3-78 所示

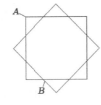　　　　　　　　　

　　　　图 3-77　　　　　　　　　　　　　　　图 3-78

提 示　若用户选取的面域并末相交，AutoCAD 将删除被减去的面域。

◎ **交运算操作**

交运算操作是在选中的面域中创建出相交的公共部分面域，利用"交集"命令即可进行交运算操作。

启用命令的方法如下。

⊙ 工 具 栏："实体编辑"工具栏中的"交集"按钮 。

⊙ 菜 单 命 令："修改 > 实体编辑 > 交集"。

⊙ 命 令 行：intersect。

选择"修改 > 实体编辑 > 交集"命令，然后依次选择相应的面域，按 Enter 键可对所有选中的面域进行交运算操作，完成后得到公共部分的面域。操作步骤如下：

命令：_region   //选择面域命令

边做边学——**AutoCAD 2010 中文版案例教程**

中等职业教育数字艺术类类规划教材

选择对象: 指定对角点: 找到 2 个   //利用框选方式选择 2 个矩形, 如图 3-79 所示

选择对象: //按 Enter 键

已提取 2 个环。

已创建 2 个面域。   //创建了 2 个面域

命令: _intersect   //选择交集命令◎

选择对象: 指定对角点: 找到 2 个   //利用框选方式选择 2 个矩形, 如图 3-79 所示

选择对象: //按 Enter 键, 如图 3-80 所示

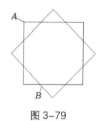

图 3-79

图 3-80

提　示　若用户选取的面域并未相交, AutoCAD 将删除所有选中的面域。

4. 创建边界

边界是一条封闭的多段线, 可以由多段线、直线、圆弧、圆、椭圆弧、椭圆、样条曲线等对象构成。利用 AutoCAD 2010 提供的"边界"命令, 用户可以从任意封闭的区域中创建一个边界。此外, 还可以利用"边界"命令创建面域。

启用命令的方法如下。

⊙ 菜单命令: "绘图 > 边界"。

⊙ 命 令 行: boundary。

选择"绘图 > 边界"命令, 弹出"边界创建"对话框, 如图 3-81 所示。单击"拾取点"按钮，然后在绘图窗口中单击一点, 系统会自动对该点所在区域进行分析, 若该区域是封闭的, 则自动根据该区域的边界线生成一个多段线作为边界。操作步骤如下:

图 3-81

命令: _boundary   //选择边界菜单命令, 弹出"边界创建"对话框, 单击"拾取点"按钮

选择内部点: 正在选择所有对象...   //单击选择图 3-82 所示 A 点位置

正在选择所有可见对象...

正在分析所选数据...

正在分析内部孤岛...

选择内部点：

BOUNDARY 已创建 1 个多段线　　　//创建了一个多段线作为边界

在创建边界之前，单击弧形边，图形显示如图 3-83 所示，可见图形中各线条是相互独立的；在创建边界之后，单击弧形边，图形显示如图 3-84 所示，可见其边界为一个多段线。

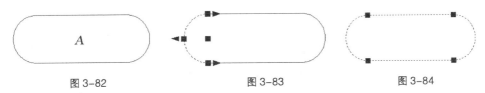

图 3-82　　　　　　　　　　图 3-83　　　　　　　　　图 3-84

"边界创建"对话框中各选项的功能如下。

⊙ "拾取点"按钮 ：用于根据围绕指定点构成封闭区域的现有对象来确定边界。

⊙ "孤岛检测"复选框：控制"边界创建"命令是否检测内部闭合边界，该边界称为孤岛。

在"边界保留"选项组中，"多段线"选项为默认值，用于创建一个多段线作为区域的边界。选择"面域"选项后，可以利用"边界"命令创建面域。

在"边界集"选项组中，单击"新建"按钮 ，可以选择新的边界集。

提　示　边界与面域的外观相同，但两者是有区别的。面域是一个二维区域，具有面积、周长、形心等几何特征，而边界只是一个多段线。

3.2.4　【实战演练】——绘制深沟球轴承

利用"直线"工具 、"图案填充"工具 以及工具选项板绘制深沟球轴承。（最终效果参看光盘中的"Ch03 > 效果 > 深沟球轴承"，见图 3-85。）

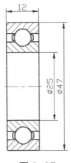

图 3-85

3.3　综合演练——绘制墙体图形

利用"多线"命令、"直线"工具 和"偏移"工具 进行墙体图形的绘制。（最终效果参看光盘中的"Ch03 > 效果 > 墙体图形"，见图 3-86。）

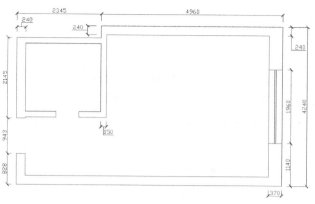

图 3-86

3.4 综合演练——绘制开口垫圈

利用"构造线"工具、"圆"工具、"修剪"工具、"倒角"工具、"图案填充"工具以及"样条曲线"工具绘制开口垫圈。(最终效果参看光盘中的"Ch03 > 效果 > 开口垫圈",见图 3-87。)

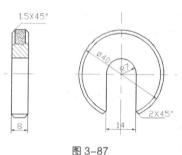

图 3-87

第4章 编辑图形操作

本章主要介绍如何对图形进行选择和编辑，如复制图形对象、调整图形对象的位置、调整图形对象的大小或形状、编辑对象操作、倒角操作等。本章介绍的知识可帮助用户学习如何在基本图形上进行编辑，以获取所需的图形，从而能够快速完成一些复杂工程图的图形绘制。

 课堂学习目标

- 选择图形对象
- 复制图形对象
- 镜像图形对象
- 旋转图形对象
- 调整图形对象的位置
- 调整图形对象的大小或形状
- 编辑对象操作
- 倒角操作

4.1 绘制泵盖

4.1.1 【操作目的】

运用"复制"按钮和"镜像"按钮绘制泵盖。（最终效果参看光盘中的"Ch04 > 效果 > 泵盖"，见图4-1。）

4.1.2 【操作步骤】

步骤 1 打开文件。打开光盘中的"Ch04 > 素材 > 泵盖.dwg"文件，如图4-2所示。

步骤 2 绘制圆形。打开"对象捕捉"和"对象追踪"开关，选择"圆"工具绘制圆形，图形效果如图4-3所示。

命令: _circle 指定圆的圆心或 [三点(3P)/两点(2P)/相切、相切、半径(T)]:

//选择圆工具，指定圆的中心点 O

指定圆的半径或 [直径(D)] <0.0000>: 3.5 //输入圆半径，按 Enter 键

命令: //按 Enter 键

CIRCLE 指定圆的圆心或 [三点(3P)/两点(2P)/相切、相切、半径(T)]:

//选择圆的中心点 E

指定圆的半径或 [直径(D)] <3.5.0000>: 5.5

//输入圆半径，按 Enter 键

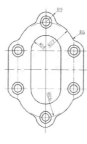

图 4-1

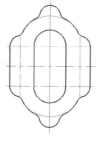

图 4-2

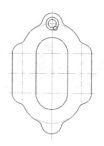

图 4-3

步骤 3 复制圆形。选择"复制"按钮，复制两个圆形，效果如图 4-4 所示。选择"镜像"按钮，选取 A、B 两点为镜像点，镜像上方的圆形，如图 4-5 所示。选取 C、D 两点为镜像点，镜像右侧的圆形，效果如图 4-6 所示。

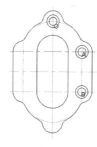

图 4-4

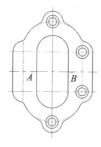

图 4-5

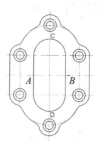

图 4-6

命令: _copy	//选择复制按钮
选择对象: 找到 1 个	//选择第 1 个圆
选择对象: 找到 1 个，总计 2 个	//选择第 2 个圆
选择对象:	//按 Enter 键
当前设置: 复制模式 = 多个	
指定基点或 [位移(D)/模式(O)] <位移>:	//单击圆心 O 点
指定第二个点或 [阵列(A)] <使用第一个点作为位移>:	//单击 A 点复制
指定第二个点或 [阵列(A)/退出(E)/放弃(U)] <退出>:	//单击 B 点复制
指定第二个点或 [阵列(A)/退出(E)/放弃(U)] <退出>:	//按 Enter 键
命令: _mirror	//选择镜像按钮
选择对象: 找到 1 个	//选择第 1 个圆
选择对象: 找到 1 个，总计 2 个	//选择第 2 个圆
选择对象:	//按 Enter 键
指定镜像线的第一点: 指定镜像线的第二点:	//单击 A、B 两点为镜像点
要删除源对象吗? [是(Y)/否(N)] <N>: N	//选择否选项
命令: _mirror	//按 Enter 键
选择对象: 指定对角点: 找到 4 个	//对角选择右侧的圆
选择对象:	//按 Enter 键

指定镜像线的第一点: 指定镜像线的第二点: //单击 *C*、*D* 两点为镜像点

要删除源对象吗? [是(Y)/否(N)] <N>: N   //选择否选项

4.1.3 【相关工具】

1. 选择图形对象

AutoCAD 2010 提供了多种选择对象的方法，在通常情况下，可以通过鼠标逐个点选被编辑的对象，也可以利用矩形窗口、交叉矩形窗口选取对象，同时还可以利用多边形窗口、交叉多边形窗口、选择栏等方法选取对象。

◎ 选择单个对象

选择单个对象的方法叫作点选，又叫作单选。点选是最简单、最常用的选择对象的方法。

⊙ 利用光标直接选择。

利用十字光标单击选择图形对象，被选中的对象以带有夹点的虚线显示，如图 4-7 所示。如果需要连续选择多个图形对象，可以继续单击需要选择的图形对象。

⊙ 利用拾取框选择。

当启用某个工具命令，如选择"旋转"工具 ↻，十字光标会变成一个小方框，这个小方框叫作拾取框。在命令行出现"选择对象:"字样时，用拾取框单击所要选择的对象，被选中的对象会以虚线显示，如图 4-8 所示。如果需要连续选择多个图形对象，可以继续单击需要选择的图形对象。

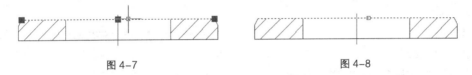

图 4-7   图 4-8

◎ 利用矩形窗口选择对象

在需要选择的多个图形对象的左上角或左下角单击，并向右下角或右上角方向移动鼠标，系统将显示一个背景为紫色的矩形框，当矩形框将需要选择的对象包围后，单击鼠标，包围在矩形窗口中的所有对象就会被选中，如图 4-9 所示，选中的对象以带有夹点的虚线显示。

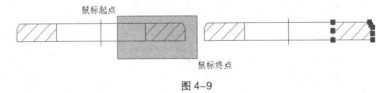

图 4-9

◎ 利用交叉矩形窗口选择对象

在需要选择的对象右上角或右下角单击，并向左下角或左上角方向移动鼠标，系统将显示一个背景为绿色的矩形虚线框，当虚线框将需要选择的对象包围后，单击鼠标，虚线框包围和相交的所有对象均会被选中，如图 4-10 所示，被选中的对象以带有夹点的虚线显示。

 提 示   利用矩形窗口选择对象时，与矩形框边线相交的对象不会被选中；而利用交叉矩形窗口选择对象时，与矩形虚线框边线相交的对象会被选中。

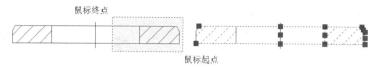

图 4-10

◎ 利用多边形窗口选择对象

当 AutoCAD 提示"选择对象:"时，在命令行中输入"WP"，按 Enter 键，绘制一个封闭的多边形框，即可选择包围在多边形框内的所有图形对象。

打开光盘中的"Ch04 > 素材 > 箱体.dwg"文件，启用"复制"命令后，通过多边形框选择多个图形对象，如图 4-11 所示。操作步骤如下：

命令: _copy	//单击"复制"按钮
选择对象: wp	//输入字母"wp"，按 Enter 键
第一圈围点:	//在 A 点处单击
指定直线的端点或 [放弃(U)]:	//在 B 点处单击
指定直线的端点或 [放弃(U)]:	//在 C 点处单击
指定直线的端点或 [放弃(U)]:	//在 D 点处单击
指定直线的端点或 [放弃(U)]:	//在 E 点处单击
指定直线的端点或 [放弃(U)]:	//在 F 点处单击
指定直线的端点或 [放弃(U)]:	//按 Enter 键
找到 2 个	
选择对象:	//按 Enter 键，图形对象显示如图 4-11 所示
当前设置: 复制模式 = 多个	
指定基点或 [位移(D) /模式(O)] <位移>:	//在绘图窗口单击确定基点
指定第二个点或 <使用第一个点作为位移>:	//在绘图窗口单击确定第二个点
指定第二个点或 [退出(E)/放弃(U)] <退出>:	//按 Enter 键

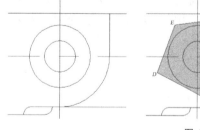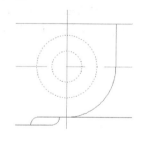

图 4-11

◎ 利用交叉多边形窗口选择对象

当 AutoCAD 提示"选择对象:"时，在命令提示窗口中输入"cp"并按 Enter 键，用户可以通过绘制一个封闭的多边形来选择对象，凡是包围在多边形内以及与多边形相交的对象都将被选中。

◎ 利用折线选择对象

当 AutoCAD 提示"选择对象:"时，在命令提示窗口中输入"f"并按 Enter 键，用户可以连续单击以绘制一条折线（折线以虚线显示），绘制完折线后按 Enter 键，此时所有与折线相交的图形对象都将被选中。

◎ **选择最后创建的对象**

当 AutoCAD 提示"选择对象:"时,在命令提示窗口中输入"1"并按 Enter 键,用户可以选择最后建立的对象。

◎ **快速选择对象**

利用快速选择功能,可以快速地将指定类型的对象或具有指定属性值的对象选中。

启用命令的方法如下。

⊙ 菜单命令:"工具 > 快速选择"。

⊙ 命 令 行:qselect。

选择"工具 > 快速选择"命令,弹出"快速选择"对话框,如图 4-12 所示。通过该对话框可以快速选择对象。

图 4-12

提 示 在绘图窗口中单击鼠标右键,弹出快捷菜单,选择"快速选择"命令,也可以启动"快速选择"对话框。

2. 移动或复制图形对象

◎ **移动对象**

利用"移动"命令可平移所选的图形对象,而不改变该图形对象的方向和大小。若想将图形对象精确地移动到指定位置,可以使用捕捉、坐标、对象捕捉等辅助功能。

启用命令的方法如下。

⊙ 工 具 栏:"修改"工具栏中的"移动"按钮。

⊙ 菜单命令:"修改 > 移动"。

⊙ 命 令 行:m(move)。

打开光盘中的"Ch04 > 素材 > 移动图形对象.dwg"文件,将 2 个同心圆移动到正六边形的中心,如图 4-13 所示。操作步骤如下:

命令: _move //单击"移动"按钮

选择对象: 找到 2 个 //2 个同心圆

选择对象: //按 Enter 键

指定基点或 [位移(D)] <位移>: <对象捕捉 开> //打开对象捕捉开关,捕捉圆的圆心

指定第二个点或 <使用第一个点作为位移>: //捕捉正六边形的中心

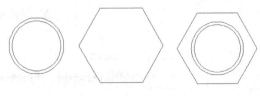

图 4-13

在绘图过程中,用户经常会遇到重复绘制一个相同图形对象的情况,这时可以启用"复制"命令,将图形对象复制到图中相应的位置。

◎ 复制对象

启用命令的方法如下。

⊙ 工 具 栏："修改"工具栏中的"复制"按钮。

⊙ 菜单命令："修改 > 复制"。

⊙ 命 令 行：copy。

打开光盘中的"Ch04 > 素材 > 箱体 2.dwg"文件，在箱体上绘制螺栓孔，如图 4-14 所示。操作步骤如下：

命令: _copy	//选择复制命令
选择对象: 找到 1 个	//单击选择矩形
选择对象:	//按 Enter 键

指定基点或 [位移(D)] <位移>： 指定第二个点或 <使用第一个点作为位移>：

//单击捕捉矩形与直线的交点作为基点，单击确定图形复制的第二个点

指定第二个点或 [退出(E)/放弃(U)] <退出>：	//单击确定图形复制的第二个点
指定第二个点或 [退出(E)/放弃(U)] <退出>：	//按 Enter 键

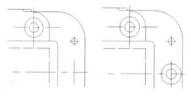

图 4-14

提 示　　进行复制操作的时候，当系统提示指定第二点时，可以利用鼠标单击确定，也可以通过输入坐标来确定。

◎ 利用夹点移动或复制对象

利用夹点可以移动或复制图形对象，其效果与启用"移动"命令或"复制"命令来移动或复制图形对象相同。

打开光盘中"Ch04 > 素材 > 夹点.dwg"文件，利用夹点移动泵盖的螺栓孔，如图 4-15 所示。操作步骤如下：

命令:	//选择螺栓孔的大圆
命令:	//选择螺栓孔的小圆
命令:	//选择螺栓孔的圆心夹点

** 拉伸 **

指定拉伸点或 [基点(B)/复制(C)/放弃(U)/退出(X)]: _move

//单击鼠标右键，弹出快捷菜单，选择"移动"命令

** 移动 **

指定移动点或 [基点(B)/复制(C)/放弃(U)/退出(X)]: <对象捕捉 开>	//打开对象捕捉开关，捕捉交点 A
命令: *取消*	//按 Esc 键

利用夹点复制泵盖的螺栓孔，如图 4-16 所示。操作步骤如下：

命令:	//选择螺栓孔的大圆

命令:	//选择螺栓孔的小圆
命令:	//选择螺栓孔的圆心夹点
** 拉伸 **	
指定拉伸点或 [基点(B)/复制(C)/放弃(U)/退出(X)]: c	//选择"复制"选项
** 拉伸 (多重) **	
指定拉伸点或 [基点(B)/复制(C)/放弃(U)/退出(X)]:　<对象捕捉 开>	//打开对象捕捉开关,捕捉交点 A
** 拉伸 (多重) **	
指定拉伸点或 [基点(B)/复制(C)/放弃(U)/退出(X)]:	//捕捉交点 B
** 拉伸 (多重) **	
指定拉伸点或 [基点(B)/复制(C)/放弃(U)/退出(X)]: x	//选择"退出"选项
命令: *取消*	//按 Esc 键

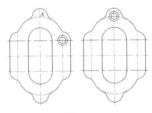
图 4-15

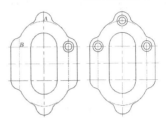
图 4-16

3. 镜像图形对象

◎ **镜像对象**

绘置图形的过程中经常会遇到绘制对称图形的情况,这时可以利用"镜像"命令来绘制图形。启用"镜像"命令时,可以任意定义两点作为对称轴线来镜像对象,同时也可以选择删除或保留原来的对象。

启用命令的方法如下。

⊙ 工 具 栏:"修改"工具栏中的"镜像"按钮 。

⊙ 菜单命令:"修改 > 镜像"。

⊙ 命 令 行:mi(mirror)。

打开光盘中的"Ch04> 素材 > 轴承.dwg"文件,绘制圆锥滚子轴承,如图 4-17 所示。同时在选项中可以选择镜像源对象是否保留。操作步骤如下:

命令: _mirror	//单击"镜像"按钮
选择对象: 指定对角点: 找到 20 个	//选择圆锥滚子轴承
选择对象:	//按 Enter 键
指定镜像线的第一点:	//选择端点 A
指定镜像线的第二点:	//选择端点 B
要删除源对象吗? [是(Y)/否(N)] <N>:	//按 Enter 键

提示选项说明如下。

⊙ 是(Y):在进行图形镜像时,删除原对象。

⊙ 否(N):在进行图形镜像时,不删除原对象。

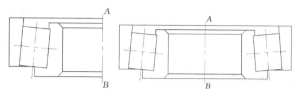

图 4-17

对文字进行镜像时，可能会出现文字前后颠倒的现象，此时用户可以通过设置系统变量 mirrtext 的值来控制文字的方向，值为 "0" 或 "1"。操作步骤如下：

命令: mirrtext   //输入系统变量

输入 MIRRTEXT 的新值 <0>:   //按 Enter 键

当系统变量 mirrtext 的值为 "0" 时，不会出现文字前后颠倒的现象，如图 4-18 所示；当系统变量 mirrtext 的值为 "1" 时，则会出现文字前后颠倒的现象，如图 4-19 所示。

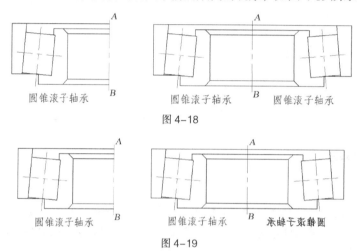

圆锥滚子轴承　　　　　圆锥滚子轴承　　圆锥滚子轴承

图 4-18

圆锥滚子轴承　　　　　圆锥滚子轴承　　承轴子滚锥圆

图 4-19

◎ 利用夹点镜像对象

利用夹点可以镜像图形对象，其效果与启用 "镜像" 命令镜像图形对象相同。

利用夹点镜像泵盖的螺栓孔，如图 4-20 所示。操作步骤如下：

命令: //选择 3 个螺栓孔和中心线 AB

命令: //选择中心线夹点 A

** 拉伸 **

指定拉伸点或 [基点(B)/复制(C)/放弃(U)/退出(X)]: _mirror   //单击鼠标右键，弹出快捷菜单，选择 "镜像" 命令

** 镜像 **

指定第二点或 [基点(B)/复制(C)/放弃(U)/退出(X)]: c   //选择 "复制" 选项

** 镜像 (多重) **

指定第二点或 [基点(B)/复制(C)/放弃(U)/退出(X)]:   //选择中心线夹点 B

** 镜像 (多重) **

指定第二点或 [基点(B)/复制(C)/放弃(U)/退出(X)]: x   //选择 "退出" 选项

命令: *取消*   //按 Esc 键

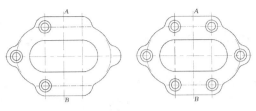

图 4-20

4. 旋转图形对象

◎ **旋转对象**

启用"旋转"命令可以将图形对象绕着某一基点旋转，从而改变图形对象的方向。用户可以通过指定基点，然后输入旋转角度来旋转图形对象；也可以指定某个方位作为参照，然后选择一个新的图形对象或输入一个新的角度值来确定要旋转到的目标位置。

启用命令的方法如下。

◉ 工具栏："修改"工具栏中的"旋转"按钮 。

◉ 菜单命令："修改 > 旋转"。

◉ 命令行： rotate（ro）。

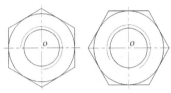

图 4-21

打开光盘中的"Ch04 > 素材 > 六角螺母.dwg"文件，将六角螺母沿逆时针方向旋转 30°，如图 4-21 所示。操作步骤如下：

命令: _rotate	//单击"旋转"按钮
UCS 当前的正角方向：ANGDIR=逆时针 ANGBASE=0	
选择对象: 找到 4 个	//选择六角螺母的轮廓线与螺纹线
选择对象:	//按 Enter 键
指定基点:	//捕捉中心线的交点 O
指定旋转角度，或 [复制(C)/参照(R)] <0>:30	//输入旋转角度值

提示选项说明如下。

◉ 指定旋转角度：通过输入旋转角度来旋转图形对象。若输入的旋转角度为正值，则图形对象沿逆时针方向旋转；若为负值，则沿顺时针方向旋转。

◉ 复制（C）：旋转图形对象时，在源位置保留该图形对象，如图 4-22 所示。

图 4-22

命令: _rotate	//单击"旋转"按钮
UCS 当前的正角方向：ANGDIR=逆时针 ANGBASE=0	
选择对象: 指定对角点: 找到 1 个	//选择矩形
选择对象:	//按 Enter 键

指定基点:	//捕捉矩形角点 O
指定旋转角度，或 [复制(C)/参照(R)] <0>: c	//选择"复制"选项
旋转一组选定对象。	
指定旋转角度，或 [复制(C)/参照(R)] <0>: 45	//输入旋转角度值

⊙ **参照（R）**：通过选择参照的方式来旋转图形对象。指定某个方向作为参照的起始角，然后选择一个新图形对象来指定源图形对象要旋转到的目标位置，如图 4-23 所示。操作步骤如下：

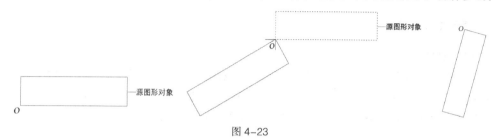

图 4-23

命令: _rotate	//单击"旋转"按钮
选择对象: 找到 1 个	//选择矩形
选择对象:	//按 Enter 键
指定基点:	//捕捉矩形角点 O
指定旋转角度或 [参照(R)]: R	//选择"参照"选项
指定参照角 <0>: 150	//指定与初始位置成150˚的方向参照
指定新角度: 45	//输入旋转角度值

◎ **利用夹点旋转对象**

利用夹点可以旋转图形对象，其效果与启用"旋转"命令旋转图形对象相同。

利用夹点将泵盖旋转 90°，如图 4-24 所示。操作步骤如下：

命令: 指定对角点:	//选择泵盖的所有线条
命令:	//选择夹点 O
** 拉伸 **	
指定拉伸点或 [基点(B)/复制(C)/放弃(U)/退出(X)]: _rotate	//单击鼠标右键，弹出快捷菜单，选择"旋转"命令
** 旋转 **	
指定旋转角度或 [基点(B)/复制(C)/放弃(U)/参照(R)/退出(X)]: 90	//输入旋转角度
命令: *取消*	//按 Esc 键

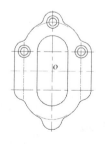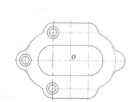

图 4-24

5. 偏移或阵列图形对象

◎ 偏移对象

启用"偏移"命令可以绘制一个与源图形相似的新图形。在 AutoCAD 2010 中，可以进行偏移操作的图形对象有直线、圆弧、圆、二维多段线、椭圆、椭圆弧、构造线、射线和样条曲线等。

启用命令的方法如下。

⊙ 工具栏："修改"工具栏中的"偏移"按钮 。

⊙ 菜单命令："修改 > 偏移"。

⊙ 命令行：　offset（o）。

对线段 *AB* 进行偏移，如图 4-25 所示。操作步骤如下：

命令: _offset

//单击"偏移"按钮

当前设置: 删除源=否　图层=源　OFFSETGAPTYPE=0

指定偏移距离或 [通过(T)/删除(E)/图层(L)] <通过>: 20　　//输入偏移距离

选择要偏移的对象，或 [退出(E)/放弃(U)] <退出>:　//选择直线 *AB*

指定要偏移的那一侧上的点，或 [退出(E)/放弃(U)] <下一个对象>:　//在线段 *AB* 的下方单击

选择要偏移的对象，或 [退出(E)/放弃(U)] <退出>:　//按 Enter 键

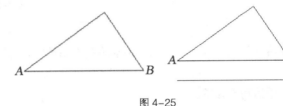

图 4-25

在偏移图形对象时，用户也可以通过点的方式来确定偏距。

通过 *C* 点偏移线段 *AB*，如图 4-26 所示。操作步骤如下：

命令: _offset　　//单击"偏移"按钮

当前设置: 删除源=否　图层=源　OFFSETGAPTYPE=0

指定偏移距离或 [通过(T)/删除(E)/图层(L)] <通过>: t　　//选择"通过"选项

指定通过点或 [退出(E)/多个(M)/放弃(U)] <退出>:　//捕捉 *C* 点

选择要偏移的对象，或 [退出(E)/放弃(U)] <退出>:　//选择线段 *AB*

选择要偏移的对象，或 [退出(E)/放弃(U)] <退出>:　//按 Enter 键

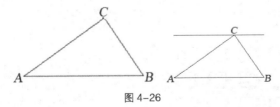

图 4-26

◎ 阵列对象

利用"阵列"命令可以绘制多个相同图形对象的矩形方阵或环形方阵。对于矩形阵列，用户需要指定行和列的数目、行或列之间的距离以及阵列的旋转角度；对于环形阵列，用户需要指定

复制对象的数目以及对象是否旋转。

启用命令的方法如下。

⊙ 工 具 栏："修改"工具栏中的"阵列"按钮 。

⊙ 菜 单 命 令："修改 > 阵列"。

⊙ 命 令 行：ar（array）。

选择"修改 > 阵列"命令，弹出"阵列"对话框，如图 4-27 所示。在对话框中，用户需要指定阵列的形式，并设置阵列的数目、距离或角度，以及是否旋转等。

AutoCAD 提供了两种阵列形式，即矩形阵列和环形阵列，如图 4-28 所示。

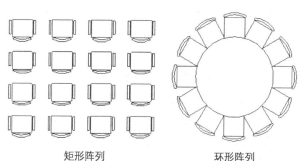

矩形阵列   环形阵列

图 4-27   图 4-28

（1）矩形阵列

"矩形阵列"单选项是系统的默认选项。选择"矩形阵列"单选项，"阵列"对话框的显示如图 4-29 所示。

"阵列"对话框中各选项的功能如下。

⊙"选择对象"按钮 ：单击该按钮，选择要进行阵列的图形对象，完成后按 Enter 键结束。

⊙"行"数值框：用于输入阵列对象的行数。

⊙"列"数值框：用于输入阵列对象的列数。

⊙"行偏移"与"列偏移"数值框：分别用于输入阵列对象的行间距和列间距。此外，用户可以单击数值框右侧的 按钮，然后在绘图窗口中拖曳一个矩形，通过矩形的宽度和长度确定行间距和列间距；用户也可以分别单击两个数值框右侧的 按钮，然后在绘图窗口中拾取两个点，利用两点间距离和方向来确定行间距或列间距。如果"行偏移"设定为正值，则图形对象向上复制生成阵列，反之向下；如果"列偏移"设定为正值，则图形对象向右复制生成阵列，反之向左。

⊙"阵列角度"数值框：用于输入阵列的旋转角度，默认为 0°。阵列角度为 0° 和 45° 时，效果分别如图 4-29 所示。

阵列角度为 0°   阵列角度为 45°

图 4-29

（2）环形阵列

在"阵列"对话框中，选择"环形阵列"单选项，"阵列"对话框如图 4-30 所示。

"阵列"对话框中各选项的功能如下。

⊙ "选择对象"按钮⬚：单击该按钮，可进入绘图窗口选择要进行阵列的图形对象。

⊙ "中心点：X"与"中心点：Y"数值框：用于输入环形阵列中心点的坐标值。用户也可单击数值框右侧的⬚按钮，然后从绘图窗口中选择环形阵列的中心点。

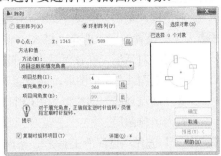

⊙ "方法"下拉列表框：用于确定阵列的方法，其中列出了 3 种不同的方法。

"项目总数和填充角度"选项：通过指定阵列的对象数目和阵列中第一个与最后一个对象之间的包含角来设置阵列。

图 4-30

"项目总数和项目间的角度"选项：通过指定阵列的对象数目和相邻阵列对象之间的包含角来设置阵列。

"填充角度和项目间的角度"选项：通过指定阵列中第一个和最后一个对象之间的包含角和相邻阵列对象之间的包含角来设置阵列。

⊙ "项目总数"数值框：用于输入阵列中的对象数目，默认值为 4。

⊙ "填充角度"数值框：用于输入阵列中第一个和最后一个对象之间的包含角，默认值为 360，不能为 0。该值为正时，沿逆时针方向做环形阵列；反之，沿顺时针方向作环形阵列。

⊙ "项目间角度"数值框：用于输入相邻阵列对象之间的包含角，该值只能是正值，默认值为 90。

⊙ "复制时旋转项目"复选框：若选中该复选框，则阵列对象将相对中心点旋转，否则不旋转。

4.1.4 【实战演练】——绘制箱体

利用"复制"工具⬚和"镜像"工具⬚完成箱体的绘制。（最终效果参看光盘中的"Ch04 > 效果 > 箱体"，见图 4-31。）

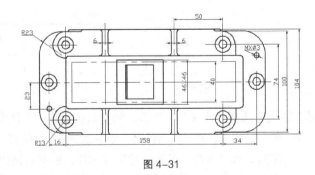

图 4-31

4.2 绘制实心式带轮

4.2.1 【操作目的】

利用"直线"工具⬚、"偏移"工具⬚、"修剪"工具⬚、"延伸"工具⬚、"复制"工具⬚、"镜像"工具⬚、"倒角"工具⬚、"打断"工具⬚以及"删除"工具⬚综合绘制实心式带轮。（最终效果参看光盘中的"Ch04 > 效果 > 实心式带轮",见图4-32。)

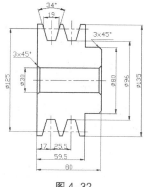

图4-32

4.2.2 【操作步骤】

步骤 1 打开文件。选择"文件 > 新建"命令,弹出"选择样板"对话框,单击 打开(O) 按钮,创建一个新的图形文件。

步骤 2 设置图层。选择"格式 > 图层"命令,弹出"图层特性管理器"对话框,在该对话框中依次创建"轮廓线"、"细点划线"和"剖面线"3个图层,并设置"轮廓线"的线宽为0.5mm,设置"细点划线"的线型为"CENTER2"。将"细点划线"图层设置为当前图层。

步骤 3 选择"直线"工具，绘制一条长度大约为90的水平中心线。选择"偏移"工具，向上偏移产生5条直线,依次设置偏移距离为15、40、48、62.5、67.5,效果如图4-33所示。将偏移产生的需要的直线转换到"轮廓线"图层。将"轮廓线"图层置为当前图层,选择"直线"工具，绘制一条竖直线段,图形效果如图4-34所示。

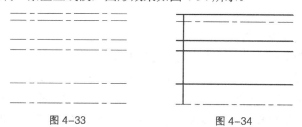

图4-33   图4-34

步骤 4 选择"偏移"工具，将刚绘制的竖直直线向右偏移产生4条直线,依次设置偏移距离为17、42.5、59.5、80,如图4-35所示。将直线A、B转换到"细点划线"图层,并修改其长度,效果如图4-36所示。选择"修剪"工具，修剪多余的线段,效果如图4-37所示。

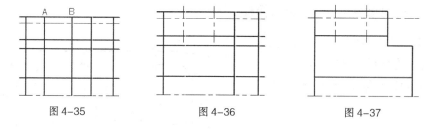

图4-35   图4-36   图4-37

步骤 5 选择"偏移"工具，将左边的竖直中心线向左偏移9.5。选择"直线"工具和"延伸"工具，通过交点绘制一条角度为−73°的直线,图形效果如图4-38所示。选择"镜像"工具和"复制"工具绘制轮廓线,图形效果如图4-39所示。选择"修剪"工具、"打断"工具和"删除"工具修剪多余的线段,图形效果如图4-40所示。

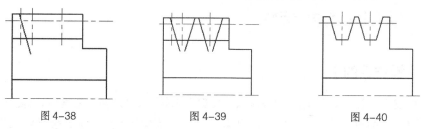

图4-38   图4-39   图4-40

步骤 6 选择"倒角"工具，设置倒角距离为 3，对带轮图形进行倒角，图形效果如图 4-41 所示。选择"延伸"工具和"直线"工具绘制倒角线条，并进一步完善图形，效果如图 4-42 所示。选择"镜像"工具，镜像产生带轮的另一半，效果如图 4-43 所示。

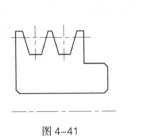

图 4-41

图 4-42

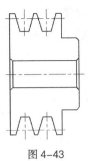

图 4-43

4.2.3 【相关工具】

1. 拉长图形对象

启用"拉长"命令可以延伸或缩短非闭合直线、圆弧、非闭合多段线、椭圆弧和非闭合样条曲线等图形对象的长度，也可以改变圆弧的角度。

启用命令的方法如下。

⊙ 菜单命令："修改 > 拉长"。

⊙ 命令行： lengthen（len）。

打开光盘中的"Ch04 > 素材 > 拉长图形对象.dwg"文件，拉长中心线 AC、BD 的长度，如图 4-44 所示。操作步骤如下：

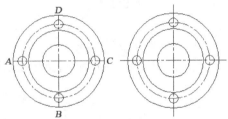

图 4-44

命令：_lengthen	//选择"修改 > 拉长"命令
选择对象或 [增量(DE)/百分数(P)/全部(T)/动态(DY)]:DE	//选择"增量"选项
输入长度增量或 [角度(A)] <0.0000>: 5	//输入长度增量值
选择要修改的对象或 [放弃(U)]:	//在 A 点附近选择中心线 AC
选择要修改的对象或 [放弃(U)]:	//在 B 点附近选择中心线 BD
选择要修改的对象或 [放弃(U)]:	//在 C 点附近选择中心线 AC
选择要修改的对象或 [放弃(U)]:	//在 D 点附近选择中心线 BD
选择要修改的对象或 [放弃(U)]:	//按 Enter 键

提示选项说明如下。

⊙ 对象：系统的默认项，用于查看选择的图形对象的长度。

⊙ 增量（DE）：以指定的增量来拉长图形对象，该增量是从距离选择点最近的端点处开始测量。此外，还可以修改圆弧的角度。若输入的增量为正值，则拉长图形对象；输入负值，则缩短图形对象。

⊙ 百分数（P）：通过输入图形对象总长度的百分数来改变图形对象长度。

⊙ 全部（T）：通过输入新的总长度来设置图形对象的长度，也可以按照指定的总角度设置选定圆弧的包含角。

⊙ 动态（DY）：通过动态拖动模式来改变图形对象的长度。

2. 拉伸图形对象

◎ 拉伸对象

启用"拉伸"命令可以在一个方向上按照用户所指定的尺寸拉伸、缩短和移动图形对象。该命令是通过改变端点的位置来拉伸或缩短图形对象，编辑过程中除被伸长、缩短的图形对象外，其他图形对象间的几何关系将保持不变。

启用命令的方法如下。

⊙ 工具栏："修改"工具栏中的"拉伸"按钮[图]。

⊙ 菜单命令："修改 > 拉伸"。

⊙ 命令行： stretch（s）。

打开光盘中的"Ch04 > 素材 > 拉伸图形对象.dwg"文件，将螺栓的螺纹部分拉伸，如图 4-45 所示。操作步骤如下：

命令: _stretch	//单击"拉伸"按钮[图]
以交叉窗口或交叉多边形选择要拉伸的对象...	
选择对象:	//选择要拉伸的对象
指定对角点: 找到 11 个	
选择对象:	//按 Enter 键
指定基点或 [位移(D)] <位移>:	//选择中心线的端点 O
指定第二个点或 <使用第一个点作为位移>: <正交 开>	//打开正交开关，向右移动鼠标并单击

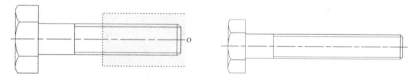

图 4-45

◎ 利用夹点拉伸对象

利用夹点拉伸对象与利用"拉伸"工具[图]拉伸对象的功能相似。在操作过程中，用户选中的夹点即为对象的拉伸点。

当选中的夹点是线条的端点时，用户将选中的夹点移动到新位置即可拉伸对象，如图 4-46 所示。操作步骤如下：

命令:	//选择直线 AB
命令:	//选择夹点 B
** 拉伸 **	//进入拉伸模式
指定拉伸点或 [基点(B)/复制(C)/放弃(U)/退出(X)]: <对象捕捉 开>	
	//打开对象捕捉开关，捕捉线段 AB 与 CD 垂足
命令: *取消*	//按 Esc 键

提 示 打开正交状态后就可以利用夹点拉伸方式很方便地改变水平或竖直线段的长度。

利用夹点进行编辑时，选中夹点后，系统直接默认的操作为拉伸，若连续按 Enter 键就可以在拉伸、移动、旋转、比例缩放和镜像之间切换。此外，也可以选中夹点后单击鼠标右键，弹出快捷菜单如图 4-47 所示，通过此菜单也可选择某种编辑操作。

 注　意 文字、块参照、直线中点、圆心和点对象上的夹点将移动对象而不是拉伸对象。

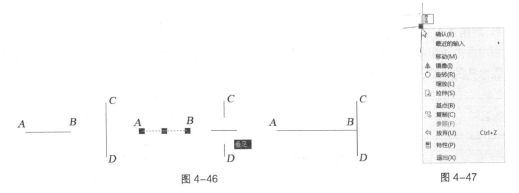

图 4-46　　　　　　　　　　　　　　　　　　图 4-47

3. 缩放图形对象

◎ **缩放对象**

"缩放"命令可以按照用户的需要将对象按指定的比例因子相对于基点放大或缩小。这是一个非常有用的命令，熟练使用该命令可以节省用户的绘图时间。

启用命令的方法如下。

⊙ 工 具 栏："修改"工具栏中的"缩放"按钮。

⊙ 菜单命令："修改 > 缩放"。

⊙ 命 令 行：sc（scale）。

选择"修改 > 缩放"命令，将图形对象缩小，如图 4-48所示。操作步骤如下：

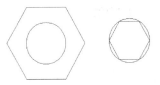

图 4-48

命令: _scale　　　　　　　　　　　　　　//选择缩放命令

选择对象:找到 1 个　　　　　　　　　　//单击选择正六边形

选择对象:　　　　　　　　　　　　　　//按 Enter 键

指定基点: <对象捕捉 开>　　　　　　　//打开对象捕捉开关，捕捉圆心

指定比例因子或 [复制(C)/参照(R)] <1.0000>:　0.5　　//输入缩放比例因子

 提　示 当输入的比例因子大于 1 时，将放大图形对象；当比例因子小于 1 时，则缩小图形对象。其中，比例因子必须为大于 0 的数值。

提示选项说明如下。

⊙ 指定比例因子：指定旋转基点并且输入比例因子来缩放对象。

⊙ 复制(C)：复制并缩放指定对象，如图 4-49 所示。

⊙ 参照(R)：以参照方式缩放图形。当用户输入参考长度和新长度时，系统会把新长度和参

边做边学——AutoCAD 2010 中文版案例教程

考长度作为比例因子进行缩放，如图 4-50 所示，以 *AB* 边长作为参照，并输入新的长度值。

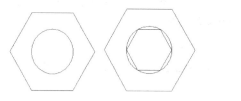

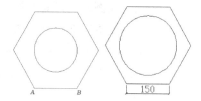

图 4-49　　　　　　　　　　　　　　　图 4-50

◎ 利用夹点缩放对象

利用夹点可以缩放图形对象，其效果与启用"缩放"命令缩放图形对象相同。利用夹点缩放泵盖螺栓孔的小圆，如图 4-51 所示。操作步骤如下：

命令：　　　　　　　　　　　　　　　　　　//选择螺栓孔的小圆

命令：　　　　　　　　　　　　　　　　　　//选择小圆的圆心夹点

** 拉伸 **

指定拉伸点或 [基点(B)/复制(C)/放弃(U)/退出(X)]:　　//按 Enter 键进入移动模式

** 移动 **

指定移动点或 [基点(B)/复制(C)/放弃(U)/退出(X)]:　　//按 Enter 键进入旋转模式

** 旋转 **

指定旋转角度或 [基点(B)/复制(C)/放弃(U)/参照(R)/退出(X)]:　　//按 Enter 键进入缩放模式

** 比例缩放 **

指定比例因子或 [基点(B)/复制(C)/放弃(U)/参照(R)/退出(X)]: 0.5

　　　　　　　　　　　　　　　　　　　　　//输入缩放的比例因子，按 Enter 键

命令：*取消*　　　　　　　　　　　　　　　//按 Esc 键

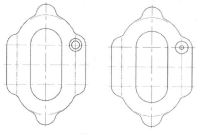

图 4-51

4.　修剪对象

"修剪"命令是比较常用的图形对象编辑命令，启用"修剪"命令可以修剪多余的线段。
启用命令的方法如下。

⊙ 工具栏："修改"工具栏中的"修剪"按钮⤢。

⊙ 菜单命令："修改 > 修剪"。

⊙ 命令行： trim（tr）。

将竖直线段左侧的线条去除，如图 4-52 所示。操作步骤如下：

命令：_trim

　　　　　　　　　　　　　　　　　　//单击"修剪"按钮⤢

当前设置:投影=UCS，边=延伸

选择剪切边...

选择对象或 <全部选择>: 找到 1 个　　　　　　　　//选择竖直线段作为剪切边

选择对象:　　　　　　　　　　　　　　　　　　　//按 Enter 键

选择要修剪的对象，或按住 Shift 键选择要延伸的对象，或

[栏选(F)/窗交(C)/投影(P)/边(E)/删除(R)/放弃(U)]:　　//在竖直线段的左侧依次选择水平线段

选择要修剪的对象，或按住 Shift 键选择要延伸的对象，或

[栏选(F)/窗交(C)/投影(P)/边(E)/删除(R)/放弃(U)]:

选择要修剪的对象，或按住 Shift 键选择要延伸的对象，或

[栏选(F)/窗交(C)/投影(P)/边(E)/删除(R)/放弃(U)]:

选择要修剪的对象，或按住 Shift 键选择要延伸的对象，或

[栏选(F)/窗交(C)/投影(P)/边(E)/删除(R)/放弃(U)]:

选择要修剪的对象，或按住 Shift 键选择要延伸的对象，或

[栏选(F)/窗交(C)/投影(P)/边(E)/删除(R)/放弃(U)]:

选择要修剪的对象，或按住 Shift 键选择要延伸的对象，或

[栏选(F)/窗交(C)/投影(P)/边(E)/删除(R)/放弃(U)]:　　//按 Enter 键

图 4-52

提示选项说明如下。

⊙ 栏选（F）：通过选择栏选择要修剪的图形对象。选择栏是一系列临时线段，由两个或多个栏选点构成。

通过选择栏选择要修剪的图形对象，如图 4-53 所示。操作步骤如下：

命令: _trim　　　　　　　　　　　　　　　//单击"修剪"按钮 ⊬

当前设置:投影=UCS，边=无

选择剪切边...

选择对象或 <全部选择>:找到 1 个　　　　　　　//选择竖直线段作为剪切边

选择对象:　　　　　　　　　　　　　　　　　//按 Enter 键

选择要修剪的对象，或按住 Shift 键选择要延伸的对象，或

[栏选(F)/窗交(C)/投影(P)/边(E)/删除(R)/放弃(U)]: F　//选择"栏选"选项

指定第一栏选点:　　　　　　　　　　　　　　//单击确定栏选线段的起点

指定下一个栏选点或 [放弃(U)]:　　　　　　　　//单击确定栏选线段的第二点

指定下一个栏选点或 [放弃(U)]:　　　　　　　　//按 Enter 键

选择要修剪的对象，或按住 Shift 键选择要延伸的对象，或

[栏选(F)/窗交(C)/投影(P)/边(E)/删除(R)/放弃(U)]:　　//按 Enter 键

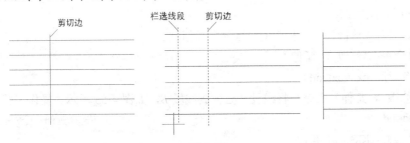

图 4-53

⊙ 窗交（C）：通过矩形框来选择要修剪的图形对象。

⊙ 投影（P）：通过投影模式来选择要修剪的图形对象。

⊙ 边（E）：用于选择是否以延伸剪切边的方式来修剪图形对象。输入"E"，按 Enter 键，AutoCAD 将提示：

输入隐含边延伸模式 [延伸(E)/不延伸(N)] <延伸>:

⊙ 延伸（E）：用于以延伸剪切边的方式修剪图形对象。如果剪切边没有与要修的图

形对象相交，则 AutoCAD 会自动将剪切边延长，然后再进行修剪。

⊙ 不延伸（N）：用于以不延伸剪切边的方式修剪图形对象。如果剪切边没有与要修

剪的图形对象相交，则不进行修剪。

⊙ 删除（R）：用于取消图形对象的选择状态。

⊙ 放弃（U）：用于放弃修剪操作。

启用"修剪"命令修剪图形对象时，若按住 Shift 键选择要修剪的图形对象，则 AutoCAD 会启用"延伸"命令，将选择的图形对象延伸到剪切边。

将线段 *CD* 延伸到线段 *AB*，如图 4-54 所示。操作步骤如下：

命令: _trim   //单击"修剪"按钮✦

当前设置:投影=UCS，边=延伸

选择剪切边...

选择对象或 <全部选择>:找到 1 个   //选择线段 *AB*

选择对象:

选择要修剪的对象，或按住 Shift 键选择要延伸的对象，或

[栏选(F)/窗交(C)/投影(P)/边(E)/删除(R)/放弃(U)]:   //按住 Shift 键，在靠近 *D* 点处选择线段 *CD*

选择要修剪的对象，或按住 Shift 键选择要延伸的对象，或

[栏选(F)/窗交(C)/投影(P)/边(E)/删除(R)/放弃(U)]:   //按 Enter 键

图 4-54

5. 延伸对象

利用"延伸"命令可以将线段、曲线等对象延伸到一个边界对象，使其与边界对象相交。有时边界对象可能是隐含边界，这时对象延伸后并不与边界对象直接相交，而是与边界对象的隐含部分相交。

启用命令的方法如下。

⊙ 工 具 栏："修改"工具栏中的"延伸"按钮⊸／。

⊙ 菜单命令："修改 > 延伸"。

⊙ 命 令 行：ex（extend）。

选择"修改 > 延伸"命令，将线段 *A* 延伸到线段 *B*，如图 4-55 所示。操作步骤如下：

命令: _extend   //选择延伸命令⊸／

当前设置:投影=UCS，边=延伸

选择边界的边...

选择对象或 <全部选择>: 找到 1 个　　　　　　　　　//单击选择线段 B 作为延伸边

选择对象:　　　　　　　　　　　　　　　　　　　　//按 Enter 键

选择要延伸的对象,或按住 Shift 键选择要修剪的对象,或

[栏选(F)/窗交(C)/投影(P)/边(E)/放弃(U)]:　　　　　　//在 A 点处单击线段 A

选择要延伸的对象,或按住 Shift 键选择要修剪的对象,或

[栏选(F)/窗交(C)/投影(P)/边(E)/放弃(U)]:　　　　　　//按 Enter 键

　若线段 A 延伸后并不与线段 B 直接相交,而是与线段 B 的延长线相交,如图 4-56 所示。操作步骤如下:

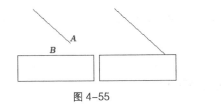

图 4-55

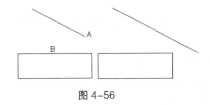

图 4-56

命令: _extend　　　　　　　　　　　　　　　　　　//选择延伸命令⊸

当前设置:投影=UCS,边=无

选择边界的边...

选择对象:找到 1 个　　　　　　　　　　　　　　　　//选择线段 B 作为延伸边

选择对象:　　　　　　　　　　　　　　　　　　　　//按 Enter 键

选择要延伸的对象,或按住 Shift 键选择要修剪的对象,或

[栏选(F)/窗交(C)/投影(P)/边(E)/放弃(U)]:E　　　　　　//选择"边"选项

输入隐含边延伸模式 [延伸(E)/不延伸(N)] <不延伸>:E　　//选择"延伸"选项

选择要延伸的对象,或按住 Shift 键选择要修剪的对象,或

[栏选(F)/窗交(C)/投影(P)/边(E)/放弃(U)]:　　　　　　//在 A 点处单击线段 A

选择要延伸的对象,或按住 Shift 键选择要修剪的对象,或

[栏选(F)/窗交(C)/投影(P)/边(E)/放弃(U)]:　　　　　　//按 Enter 键

技　巧　　在使用"延伸"工具⊸编辑图形对象时,按住 Shift 键进行选择,系统执行"修剪"命令,将选择的对象修剪掉。

6. 打断对象

AutoCAD 提供了两种用于打断图形对象的命令:"打断"命令和"打断于点"命令。可以打断的图形对象有直线、圆、圆弧、多段线、椭圆和样条曲线等。

◎ **"打断"命令**

"打断"命令用于将图形对象打断,并删除所选图形对象的一部分。

启用命令的方法如下。

⊙ 工具栏:"修改"工具栏中的"打断"按钮▢。

⊙ 菜单命令:"修改 > 打断"。

⊙ 命令行:　break(br)。

中等职业教育数字艺术类规划教材

将线段 *AB* 打断，并删除其中的 *CD* 部分，如图 4-57 所示。操作步骤如下：

命令: _break 选择对象:　　　　　　　　　//单击"打断"按钮 🔳，在 *C* 点处单击线段 *AB*

指定第二个打断点 或 [第一点(F)]:　　　　//在 *D* 点处单击线段 *AB*

图 4-57

提示选项解释如下。

⊙ 指定第二个打断点：用于在图形对象上选择第二个打断点，AutoCAD 将会把第一打断点与第二打断点之间的部分删除。

⊙ 第一点（F）：用于指定其他的点作为第一个打断点。在默认情况下，第一次选择图形对象时单击的点为第一个打断点。

◎ **"打断于点"命令**

"打断于点"命令用于打断所选的对象，使之成为两个对象。

启用命令的方法如下。

⊙ 工具栏："修改"工具栏中的"打断于点"按钮 🔳。

将线段 *AB* 于 *C* 点打断，如图 4-58 所示。操作步骤如下：

命令: _break 选择对象:　　　　　　　　　//单击"打断于点"按钮 🔳，选择线段 *AB*

指定第二个打断点 或 [第一点(F)]: _f

指定第一个打断点:<对象捕捉 开>　　　　//在 *C* 点处单击线段 *AB*

指定第二个打断点: @

图 4-58

7. 合并对象

启用"合并"命令可以将多个相似的对象合并为一个对象。

启用命令的方法如下。

⊙ 工具栏："修改"工具栏中的"合并"按钮 ➰。

⊙ 菜单命令："修改 > 合并"。

⊙ 命令行：JOIN。

将两段圆弧合并为一段，如图 4-59 所示。操作步骤如下：

命令: _join 选择源对象:　　　　　　　　　//单击"合并"按钮 ➰，并选择圆弧 *CD*

选择圆弧，以合并到源或进行 [闭合(L)]:　//选择圆弧 *AB*

选择要合并到源的圆弧: 找到 1 个　　　　//按 Enter 键

已将 1 个圆弧合并到源

若选择圆弧的次序为先选 *AB*、后选 *CD*，则合并后为图 4-60 所示的圆弧。

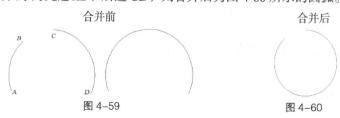

合并前　　　　　　　　　　　　　　合并后

图 4-59　　　　　　　　　　　　　　图 4-60

8.　分解对象

启用"分解"命令可以将图形对象或用户定义的块分解为最基本的图形对象。

启用命令的方法如下。

⊙ 工具栏："修改"工具栏中的"分解"按钮。

⊙ 菜单命令："修改 > 分解"。

⊙ 命令行：explode（x）。

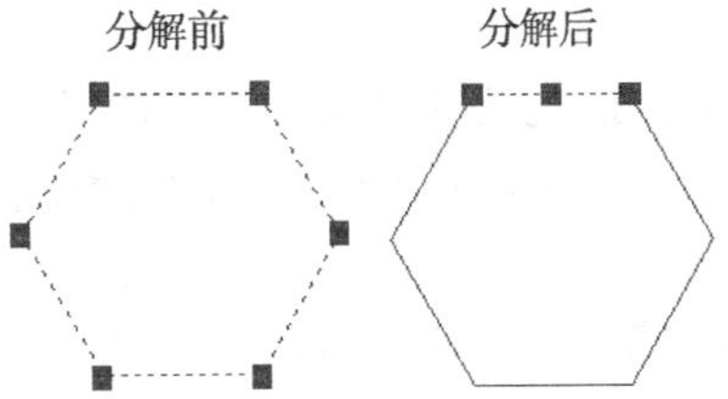

将正六边形分解为 6 条线段，如图 4-61 所示。操作步骤如下：

命令: _explode	//单击"分解"按钮
选择对象:	//选择正六边形
选择对象:	//按 Enter 键

图 4-61

分解前，正六边形是一个独立的图形对象；分解后，正六边形由 6 条线段组成。

9.　删除对象

启用"删除"命令可以删除多余的图形对象。

启用命令的方法如下。

⊙ 工具栏："修改"工具栏中的"删除"按钮。

⊙ 菜单命令："修改 > 删除"。

⊙ 命令行：　erase。

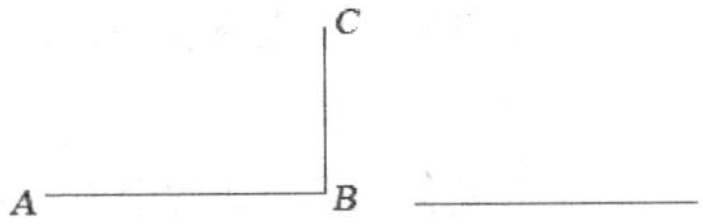

将线段 *BC* 删除，如图 4-62 所示。操作步骤如下：

图 4-62

命令: _erase	//单击"删除"按钮
选择对象: 找到 1 个	//选择线段 *BC*
选择对象:	//按 Enter 键

也可以先选择需要删除的图形对象，然后按"删除"按钮或按 Delete 键。

4.2.4　【实战演练】——绘制凸轮

利用"直线"工具、"圆"工具、"阵列"工具、"延伸"工具、"修剪"工具、"删除"工具和"打断"工具绘制凸轮。（最终效果参看光盘中的"Ch04 > 效果 > 凸轮"，见图 4-63。）

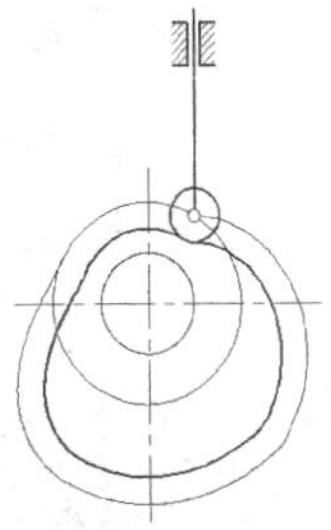

4.3 / 绘制普通平键

图 4-63

4.3.1　【操作目的】

利用"矩形"工具、"偏移"工具、"实时缩放"工具、"实时平移"工具、"倒角"工具以及"直线"工具绘制普通平键。（最终效果参看光盘中的"Ch04 > 效果 > 普通平键"，见图 4-64。）

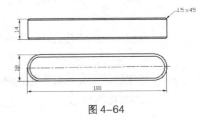

图 4-64

4.3.2 【操作步骤】

步骤 1 选择"文件 > 新建"命令,新建一个绘图文件,分别创建"轮廓线"、"细点划线"、"尺寸线" 3 个图层。将"轮廓线"图层设置为当前图层。选择"矩形"工具 □,绘制长度为 100、宽度为 14 的矩形,图形效果如图 4-65 所示。

步骤 2 选择"标准"工具栏中的"实时缩放"工具 🔍 和"实时平移"工具 ✋ 调整图形的显示。选择"倒角"工具 ⟋,对所绘的矩形进行倒角,图形效果如图 4-66 所示。

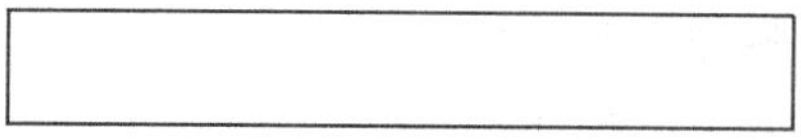

图 4-65 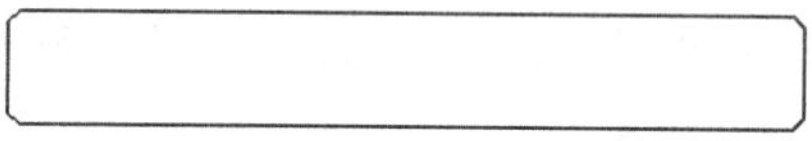   图 4-66

命令:_rectang   //选择矩形工具 □

指定第一个角点或 [倒角(C)/标高(E)/圆角(F)/厚度(T)/宽度(W)]:

                                                 //在绘图区单击左键确定矩形的一个角点

指定另一个角点或 [面积(A)/尺寸(D)/旋转(R)]: @100,14

命令:_chamfer   //选择倒角工具 ⟋

("修剪"模式) 当前倒角距离 1 = 0.0000,距离 2 = 0.0000

选择第一条直线或 [放弃(U)/多段线(P)/距离(D)/角度(A)/修剪(T)/方式(E)/多个(M)]: A

                                                 //选择"角度"选项

指定第一条直线的倒角长度 <0.6300>: 1.5   //设置倒角长度

指定第一条直线的倒角角度 <15>: 45   //设置倒角角度

选择第一条直线或 [放弃(U)/多段线(P)/距离(D)/角度(A)/修剪(T)/方式(E)/多个(M)]:P

                                                 //选择"多线段"选项

选择第二条直线: //选择矩形,矩形的 4 条边同时被倒角

步骤 3 选择"直线"工具 ⟋,配合端点捕捉功能绘制倒角线,图形效果如图 4-67 所示。单击状态栏上的 ⊙ 按钮,使其处于蓝色状态,即可打开极轴追踪开关。选择"多段线"工具 ⟋,绘制平键的俯视图,图形效果如图 4-68 所示。

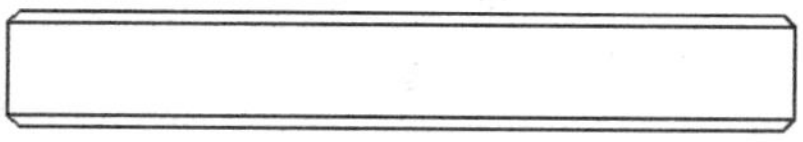

图 4-67 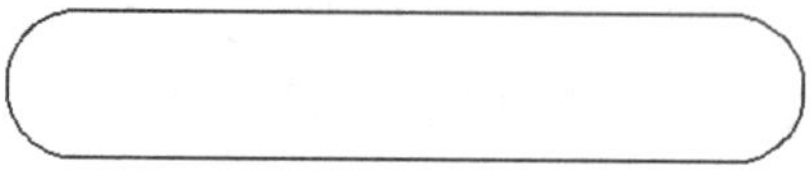   图 4-68

命令:_pline

指定起点: //单击确定起点

当前线宽为 0.0000

指定下一个点或 [圆弧(A)/半宽(H)/长度(L)/放弃(U)/宽度(W)]: 82

                                                 //水平向右移动鼠标,引用水平追踪虚线

指定下一点或 [圆弧(A)/闭合(C)/半宽(H)/长度(L)/放弃(U)/宽度(W)]: A

                                                 //选择"圆弧"选项,转入画弧模式

指定圆弧的端点或[角度(A)/圆心(CE)/闭合(CL)/方向(D)/半宽(H)/直线(L)/半径(R)/第二个点(S)/放弃(U)/宽度(W)]: 18

                                                 //垂直向上移动鼠标,引出垂直追踪虚线

指定圆弧的端点或[角度(A)/圆心(CE)/闭合(CL)/方向(D)/半宽(H)/直线(L)/半径(R)/第二个点(S)/放弃
(U)/宽度(W)]: L   //选择"直线"选项,转入画线模式

指定下一点或 [圆弧(A)/闭合(C)/半宽(H)/长度(L)/放弃(U)/宽度(W)]: 82
                                                   //水平向左移动鼠标,引用水平追踪虚

指定下一点或 [圆弧(A)/闭合(C)/半宽(H)/长度(L)/放弃(U)/宽度(W)]: A
                                                   //选择"圆弧"选项,转入画弧模式

指定圆弧的端点或[角度(A)/圆心(CE)/闭合(CL)/方向(D)/半宽(H)/直线(L)/半径(R)/第二个点(S)/放弃
(U)/宽度(W)]: CL   //选择"闭合"选项,闭合图形

步骤 4 选择"偏移"工具，将偏移距离设置为 1.5,
对所绘的闭合多线段进行偏移,图形效果如图 4-69
所示。

图 4-69

命令: _offset   //选择偏移工具

当前设置: 删除源=否   图层=源   OFFSETGAPTYPE=0

指定偏移距离或 [通过(T)/删除(E)/图层(L)]: 1.5   //设置偏移距离

选择要偏移的对象或 <退出>:   //选择闭合多段线

指定点以确定偏移所在一侧: //在多段线内部单击

选择要偏移的对象或 <退出>:   //按 Enter 键

步骤 5 选择"移动"工具，将绘制的俯视图轮廓线向右偏移 9,效果如图 4-70 所示。将"细
点划线"图层设置为当前图层,选择"直线"工具，绘制中心线,图形效果如图 4-71 所
示。普通平键绘制完毕。

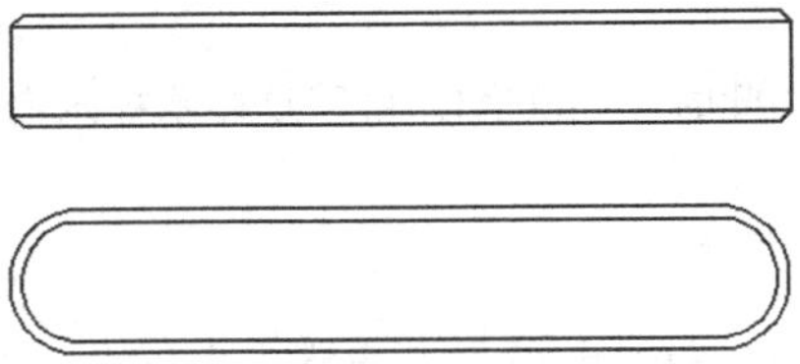

图 4-70

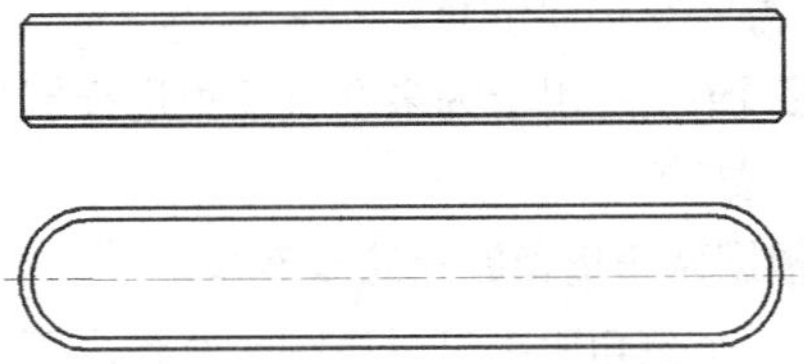

图 4-71

命令: _line 指定第一点: //捕捉左侧圆弧的最左点

指定下一点或 [放弃(U)]:   //在右侧圆弧的右方单击

指定下一点或 [放弃(U)]:   //按 Enter 键

4.3.3 【相关工具】

1. 倒棱角

在 AutoCAD 中,利用"倒角"命令可以进行倒棱角操作。

启用命令的方法如下。

⊙ 工 具 栏:"修改"工具栏中的"倒角"按钮。

⊙ 菜 单 命 令:"修改 > 倒角"。

⊙ 命 令 行: cha(chamfer)。

选择"修改 > 倒角"命令,然后在线段 *AB* 与线段 *AD* 之间绘制倒角,如图 4-72 所示。操作
步骤如下:

命令: _chamfer   //选择倒角命令▱

("修剪"模式) 当前倒角距离 1 = 0.0000，距离 2 = 0.0000

选择第一条直线或 [放弃(U)/多段线(P)/距离(D)/角度(A)/修剪(T)/方式(E)/多个(M)]: D

//选择"距离"选项

指定第一个倒角距离 <0.0000>: 2   //输入第一条边的倒角距离值

指定第二个倒角距离 <2.0000>:   //按 Enter 键

选择第一条直线或 [放弃(U)/多段线(P)/距离(D)/角度(A)/修剪(T)/方式(E)/多个(M)]: //单击线段 AB

选择第二条直线，或按住 Shift 键选择要应用角点的直线: //单击线段 AD

提示选项的说明如下。

⊙ 放弃(U)：用于恢复在命令中执行的上一个操作。

⊙ 多段线(P)：用于对多段线每个顶点处的相交直线段进行倒角，倒角将成为多段线中的新线段；如果多段线中包含的线段小于倒角距离，则不对这些线段进行倒角。

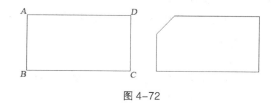

图 4-72

⊙ 距离(D)：用于设置倒角至选定边端点的距离。如果将两个距离都设置为零，AutoCAD 将延伸或修剪相应的两条线段，使二者相交于一点。

⊙ 角度(A)：通过设置第一条线的倒角距离以及第二条线的角度来进行倒角。

⊙ 修剪(T)：用于控制倒角操作是否修剪对象。

⊙ 方式(E)：用于控制倒角的方式，即选择通过设置倒角的两个距离或者通过设置一个距离和角度的方式来创建倒角。

⊙ 多个(M)：用于为多个对象集进行倒角操作，此时 AutoCAD 将重复显示提示命令，可以按 Enter 键结束。

◎ **根据两个倒角距离绘制倒角**

根据两个倒角距离可以绘制一个距离不等的倒角，如图 4-73 所示。操作步骤如下：

命令: _chamfer   //选择倒角命令▱。

("修剪"模式) 当前倒角距离 1 = 2.0000，距离 2 = 2.0000

选择第一条直线或 [放弃(U)/多段线(P)/距离(D)/角度(A)/修剪(T)/方式(E)/多个(M)]: D

//选择"距离"选项

指定第一个倒角距离 <0.0000>: 2   //输入第一条边的倒角距离值

指定第二个倒角距离 <2.0000>: 4   //输入第二条边的倒角距离值

选择第一条直线或 [放弃(U)/多段线(P)/距离(D)/角度(A)/修剪(T)/方式(E)/多个(M)]:

//单击选择左边的垂直线段

选择第二条直线，或按住 Shift 键选择要应用角点的直线: //单击选择上边的水平线段

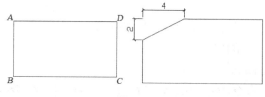

图 4-73

◎ 根据距离和角度绘制倒角

根据倒角的特点，有时需要通过设置第一条线的倒角距离以及第一条线的倒角角度来绘制倒角，如图 4-74 所示。操作步骤如下：

命令: _chamfer   //选择倒角命令

("修剪"模式) 当前倒角距离 1 = 2.0000，距离 2 = 4.0000

选择第一条直线或 [多段线(P)/距离(D)/角度(A)/修剪(T)/方式(M)/多个(U)]: A

                                           //选择"角度"选项

指定第一条直线的倒角长度 <0.0000>: 4   //输入第一条线的倒角距离

指定第一条直线的倒角角度 <0>: 30   //输入倒角角度

选择第一条直线或 [放弃(U)/多段线(P)/距离(D)/角度(A)/修剪(T)/方式(E)/多个(M)]:

                                     //单击选择上侧的水平线，如图 4-74 所示。

选择第二条直线，或按住 Shift 键选择要应用角点的直线: //单击选择左侧与之相交的垂线

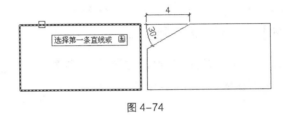

图 4-74

2. 倒圆角

通过倒圆角可以方便、快速地在两个图形对象之间绘制光滑的过渡圆弧线。在 AutoCAD 中，启用"圆角"命令可以进行倒圆角操作。

启用命令的方法如下。

⊙ 工具栏："修改"工具栏中的"圆角"按钮。

⊙ 菜单命令："修改 > 圆角"。

⊙ 命令行: fillet（f）。

打开光盘中的"Ch04 > 素材 > 倒圆角.dwg"文件，在线段 *AB* 与线段 *AD* 之间进行倒圆角操作，如图 4-75 所示。操作步骤如下：

命令: _fillet   //单击"圆角"按钮

当前设置: 模式 = 修剪，半径 = 0.0000

选择第一个对象或 [放弃(U)/多段线(P)/半径(R)/修剪(T)/多个(M)]: R   //选择"半径"选项

指定圆角半径 <0.0000>: 3   //输入圆角半径

选择第一个对象或 [放弃(U)/多段线(P)/半径(R)/修剪(T)/多个(M)]:   //选择线段 *AB*

选择第二个对象，或按住 Shift 键选择要应用角点的对象: //选择线段 *AD*

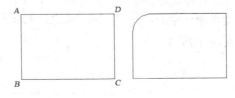

图 4-75

对两条平行线进行倒圆角操作，如图 4-76 所示。操作步骤如下：

命令：_fillet //单击"圆角"按钮

当前设置:模式 = 不修剪，半径 = 0.0000

选择第一个对象或 [放弃(U)/多段线(P)/半径(R)/修剪(T)/多个(M)]: //在线段 AB 的左半部分单击

选择第二个对象，或按住 Shift 键选择要应用角点的对象: //在线段 CD 的左半部分单击

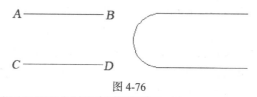

图 4-76

提 示 对平行线进行倒圆角时，圆角的半径取决于平行线之间的距离。

4.3.4 【实战演练】——绘制半圆键

使用"倒角"按钮完成对半圆键的绘制。（最终效果参看光盘中的"Ch04 > 效果 > 半圆键"，见图 4-77。）

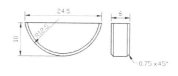

图 4-77

综合演练——绘制齿轮

利用"直线"按钮、"圆"按钮、"环形阵列"按钮、"偏移"按钮、"修剪"按钮和"删除"按钮完成齿轮的绘制。（最终效果参看光盘中的"Ch04 > 效果 > 齿轮"，见图 4-78。）

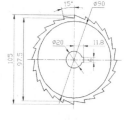

图 4-78

4.5 综合演练——绘制圆柱螺旋伸长弹簧

利用"修剪"工具、"复制"工具、"图案填充"按钮、"偏移"工具、"圆"工具和"旋转"工具完成圆柱螺旋伸长弹簧的绘制。（最终效果参看光盘中的"Ch04 > 效果 > 圆柱螺旋伸长弹簧"，见图 4-79。）

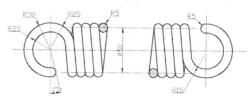

图 4-79

第5章 文字与表格的应用

本章介绍 AutoCAD 的文字与表格功能。通过运用文字和表格功能，为工程图添加技术要求、标题栏信息和明细表等注释信息，使图纸更加准确、清楚。通过本章的学习，用户可以掌握如何在 AutoCAD 中书写文字与应用表格，使绘制的工程图符合行业规范。

课堂学习目标

- 创建文字样式
- 输入单行文字
- 输入多行文字
- 修改文字
- 创建表格、修改表格

5.1 填写技术要求 1

5.1.1 【操作目的】

用"单行文字"命令填写技术要求。（最终效果参看光盘中的"Ch05 > 效果 > 填写技术要求"，见图5-1。）

技术要求

制造和验收技术条件应符合GB12237-89的规定

图 5-1

5.1.2 【操作步骤】

步骤 1 创建图形文件。选择"文件 > 新建"命令，弹出"选择样板"对话框，单击 打开(O) 按钮，创建新的图形文件。

步骤 2 设置文字样式。单击"样式"工具栏上的"文字样式"按钮 A，弹出"文字样式"对话框，设置如图 5-2 所示，单击 应用(A) 按钮，再单击 关闭(C) 按钮，关闭对话框。

步骤 3 输入单行文字。选择"绘图 > 文字 > 单行文字"命令，输入文字"技术要求"，如图5-3 所示。操作步骤如下：

命令: _dtext   //选择单行文字菜单命令

当前文字样式: "Standard" 文字高度: 5.0000 注释性: 否   //显示当前文字样式

指定文字的起点或 [对正(J)/样式(S)]:   //单击指定文字的插入点

指定高度 <5.0000>:　　　　　　　　　　　//指定文字的新高度

指定文字的旋转角度 <0>:　　　　　　　　//按 Enter 键，输入文字，按 Ctrl

　　　　　　　　　　　　　　　　　　　　　＋Enter 组合键退出

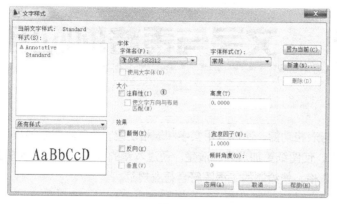

图 5-2　　　　　　　　　　　　　　　　　　　　图 5-3

步骤 4 输入其他文字。选择"绘图 > 文字 > 单行文字"命令，输入其他文字，如图 5-4 所示。

操作步骤如下：

命令: _dtext　　　　　　　　　　　　　　　　//选择单行文字菜单命令

当前文字样式: "Standard" 文字高度: 5.0000 注释性: 否　　//显示当前文字样式

指定文字的起点或 [对正(J)/样式(S)]:　　　　//单击指定文字的插入点

指定高度 <5.0000>:2.5　　　　　　　　　　//指定文字的新高度

指定文字的旋转角度 <0>:　　　　　　　　　//按 Enter 键，输入文字，按 Ctrl

　　　　　　　　　　　　　　　　　　　　　＋Enter 组合键退出

技术要求

制造和验收技术条件应符合GB12237-89的规定

图 5-4

5.1.3 【相关工具】

1. 文字概念

在学习文字的输入方法之前，首先需要掌握文字的一些基本概念。

⊙ 文字的样式。

文字的样式用来定义文字的各种参数，如文字的字体、大小、倾斜角度等。AutoCAD 图形中的所有文字都具有与之相关联的文字样式，默认情况下使用的文字样式是"Standard"，用户可以根据需要进行自定义。

⊙ 文字的字体。

文字的字体是指文字的不同书写格式。在建筑工程图中，汉字的字体通常采用仿宋体格式。

⊙ 文字的高度。

文字的高度即文字的大小，在工程图中通常采用 20、14、10、7、5、3.5 和 2.5 号这 7 种字体（字体的号数即字体的高度）。

⊙ 文字的效果。

在 AutoCAD 中用户可以控制文字的显示效果，如将文字上下颠倒、左右反向、垂直排列显示等。

⊙ 文字的倾斜角度。

一般情况下，工程图中的阿拉伯数字、罗马数字、拉丁字母和希腊字母常采用斜体字，即将字体倾斜一定的角度，通常是文字的字头向右倾斜，与水平线约成 75°。

⊙ 文字的对齐方式。

为了使工程图清晰、美观，图中的文字要尽量对齐，AutoCAD 可以根据需要指定各种文字对齐方式来对齐输入的文字。

⊙ 文字的位置。

在 AutoCAD 中，用户可以指定文字的位置，即文字在工程图中的书写位置。通常文字应该与所描述的图形对象平行，放置在其外部。为了使文字不与图形的其他部分交叉，可用引线将文字引出。

2. 创建文字样式

AutoCAD 图形中的所有文字都具有与之相关联的文字样式。默认情况下使用的文字样式为系统提供的"Standard"样式，用户可根据绘图的要求修改或创建一种新的文字样式。

当在图形中输入文字时，系统将使用当前的文字样式来设置文字的字体、高度、旋转角度和方向。如果用户需要使用其他文字样式来创建文字，则需要将其设置为当前的文字样式。

AutoCAD 2010 提供的"文字样式"命令可用来创建文字样式。启动"文字样式"命令后，系统将弹出"文字样式"对话框，从中可以创建或调用已有的文字样式。在创建新的文字样式时，可以根据需要设置文字样式的名称、字体、效果等。

启用命令的方法如下。

⊙ 工 具 栏："样式"工具栏中的"文字样式"按钮 。

⊙ 菜单命令："格式 > 文字样式"。

⊙ 命 令 行：style。

选择"格式 > 文字样式"命令，系统将弹出"文字样式"对话框，如图 5-5 所示。

单击 新建(N)... 按钮，弹出"新建文字样式"对话框，如图 5-6 所示。在"样式名"文本框中输入新样式的名称，最多可输入 255 个字符，包括字母、数字和特殊字符，如美元符号"$"、下画线"_"、连字符"-"等。

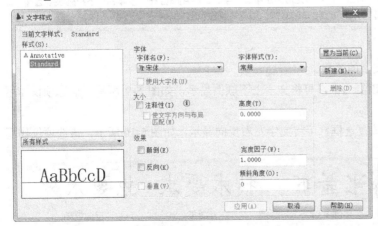

图 5-5

图 5-6

单击 确定 按钮，返回"文字样式"对话框，新样式的名称会出现在"样式名"列表框中。

此时可设置新样式的属性，如文字的字体、高度、效果等，完成后单击 应用(A) 按钮，可将其设置为当前文字样式。

◎ 设置字体

在"字体"选项组中，用户可以设置字体的各种属性。取消"使用大字体"复选框，对字体进行设置，如图 5-7 所示。

⊙ "字体名"列表框：单击"字体名"列表框，弹出下拉列表，如图 5-8 所示，从下拉列表中选择合适的字体。

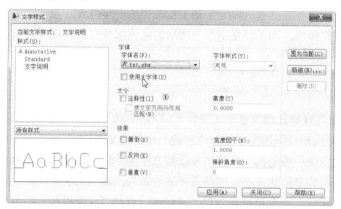

图 5-7

图 5-8

⊙ "字体样式"列表框：当选择了合适的字体后，可在"字体样式"下拉列表中选择相应的字体样式。

⊙ "高度"数值框：当用户需要设置字体的高度时，可在"高度"数值框中输入字体高度值。

⊙ "使用大字体"复选框：当用户在"字体名"下拉列表中选择"txt.shx"选项后，"使用大字体"复选框处于可选状态。此时若选中"使用大字体"复选框，则"字体名"列表框会变为"SHX 字体"列表框，"字体样式"列表框将变为"大字体"列表框，用户可以选择大字体的样式。

提 示 有时用户书写的中文汉字会显示为乱码或"？"符号，出现此现象的原因是用户选择的字体不恰当，该字体无法显示中文汉字，此时用户可在"字体名"下拉列表中选择合适的字体，如"仿宋_GB2312"，即可将其显示出来。

◎ 设置效果

"效果"选项组用于控制文字的效果。

⊙ "颠倒"复选框：选择该复选框，可将文字上下颠倒显示，如图 5-9 所示。该选项仅作用于单行文字。

⊙ "反向"复选框：选择该复选框，可将文字左右反向显示，如图 5-10 所示。该选项仅作用于单行文字。

技术要求　技术要求　技术要求　技术要求

正常效果　　　　　颠倒效果　　　　　正常效果　　　　　反向效果

图 5-9　　　　　　　　　　　　图 5-10

⊙ "垂直"复选框：用于显示垂直方向的字符，如图 5-11 所示。"TrueType"字体和"符号"

的垂直定位不可用，文字效果如图 5-12 所示。

⊙ "宽度因子"数值框：用于设置字符宽度。输入小于 1 的值将压缩文字，输入大于 1 的值则扩大文字，效果如图 5-13 所示。

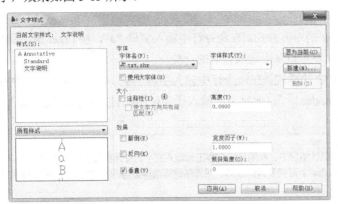

图 5-11 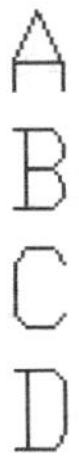　　　　　　　　　　　　　　　　　　　图 5-12

宽度为 0.5　　　　　宽度为 1　　　　　　　　　宽度为 2

图 5-13

⊙ "倾斜角度"数值框：用于设置文字的倾斜角，可以输入一个-85°～85°的值，效果如图 5-14 所示。

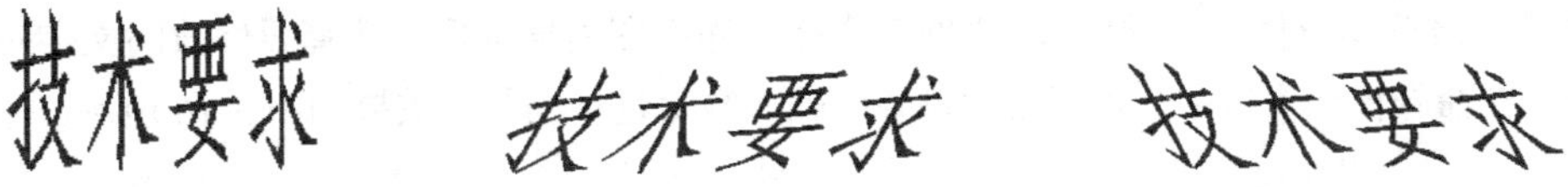

角度为 0°　　　　　　角度为 30°　　　　　　　角度为 - 30°

图 5-14

3. 创建和修改单行文字

◎ 创建单行文字

利用 "单行文字" 命令可创建单行或多行文字，按 Enter 键可结束每行。每行文字都是独立的对象，可以重新定位、调整格式或进行其他修改。

启用命令的方法如下。

⊙ 菜单命令："绘图 > 文字 > 单行文字"。

⊙ 命　令　行：text 或 dtext。

选择 "绘图 > 文字 > 单行文字" 命令，在绘图窗口中单击以确定文字的插入点，然后设置文字的高度和旋转角度，当插入点变成 " | " 形式时，直接输入文字，如图 5-15 所示。操作步骤如下：

图 5-15

命令：_dtext　　　　　　　　　　　　　　　　　//选择单行文字菜单命令

当前文字样式：Standard　当前文字高度：2.5000

指定文字的起点或 [对正(J)/样式(S)]:　　　　//单击确认文字的插入点

指定高度 <2.5000>:   //按 Enter 键

指定文字的旋转角度 <0>:   //按 Enter 键，输入文字，

                                                   按 Ctrl+Enter 组合键退出

提示选项说明如下。

⊙ 对正(J)：用于控制文字的对齐方式。在命令行中输入字母 "J"，按 Enter 键，命令提示窗口会出现多种文字对齐方式，用户可以从中选取合适的一种。

⊙ 样式(S)：用于控制文字的样式。在命令行中输入字母 "S"，按 Enter 键，命令提示窗口会出现 "输入样式名或 [?] <Standard>:"，此时可以输入所要使用的样式名称，或者输入符号 "?"，列出所有文字样式及其参数。

 提 示   在默认情况下，利用单行文字工具输入文字时使用的文字样式是 "Standard"，字体是 "txt.shx"。若需要其他字体，可先创建或选择适当的文字样式，然后再进行输入。

◎ **修改单行文字的内容**

启用命令的方法如下。

⊙ 菜单命令："修改 > 对象 > 文字 > 编辑"。

启用单行文字的 "编辑" 命令后，直接在 "文字" 文本框中修改文字内容，完成后按 Enter 键。

 技 巧   直接双击要修改的单行文字对象，也可以启用单行文字的编辑命令。

◎ **缩放文字大小**

选择 "修改 > 对象 > 文字 > 比例" 命令，光标变为拾取框，选择要修改的文字对象并进行确定。在命令提示窗口中会提示确定基点，输入数值进行缩放，效果如图 5-16 所示。操作步骤如下：

命令: _scaletext   //选择 "修改 > 对象 > 文字 > 比例" 命令

选择对象: 找到 1 个   //选择文字 "技术要求"

选择对象: //按 Enter 键

输入缩放的基点选项

[现有(E)/左(L)/中心(C)/中间(M)/右(R)/左上(TL)/中上(TC)/右上(TR)/左中(ML)/正中(MC)/右中(MR)/

左下(BL)/中下(BC)/右下(BR)] <现有>: BL   //选择 "左下" 选项

指定新模型高度或 [图纸高度(P)/匹配对象(M)/比例因子(S)] <2.5>: 5   //输入新的高度

图 5-16

 提 示   输入数值比默认数值小时，为缩小文字；输入数值比默认数值大时，为放大文字。提示中显示的默认值即为设置文字样式时文字的高度值。

◎ **修改文字的对正方式**

选择"修改 > 对象 > 文字 > 对正"命令，光标变为拾取框，选择要修改的文字对象并进行确定。命令提示窗口中会提示对正方式，选择需要的对正方式即可，效果如图 5-17 所示。操作步骤如下：

命令:_justifytext　　　　　　　　　　　　　　　　　　　//选择对正菜单命令

选择对象: 找到 1 个　　　　　　　　　　　　　　　　　//单击选择文字对象

选择对象:　　　　　　　　　　　　　　　　　　　　　　//按 Enter 键

输入对正选项

[左(L)/对齐(A)/调整(F)/中心(C)/中间(M)/右(R)/左上(TL)/中上(TC)/右上(TR)/左中(ML)

/正中(MC)/右中(MR)/左下(BL)/中下(BC)/右下(BR)] <左下>: MC　　　　//选择"正中"选项

图 5-17

技　巧　文字对象在基线左下角和对齐点有夹点，可用于移动、缩放和旋转操作。

◎ **使用对象特性管理器编辑文字**

打开"特性"对话框选择文字时，对话框中会显示与文字相关的信息，如图 5-18 所示。用户可以直接在该对话框中修改文字内容、文字样式、对正、高度等特性，效果如图 5-19 所示。

图 5-18　　　　　　　　　　　　　　　　　　　　图 5-19

4. 设置对齐方式

AutoCAD 为文字定义了 4 条定位线：顶线、中线、基线和底线，以便确定文字的对齐位置，如图 5-20 所示。

在创建单行文字的过程中，当命令行出现"指定文字的起点[对正（J）/样式（S）]："时，若输入字母"J"（选择"对正"选项），按 Enter 键，则可指定文字的对齐方式，此时命令提示窗口出现如下信息：

"输入选项

[对齐(A)/调整(F)/中心(C)/中间(M)/右(R)/左上(TL)/中上(TC)/右上(TR)/左中(ML)/正中(MC)/右中(MR)/

左下(BL)/中下(BC)/右下(BR)]："

提示选项说明如下。

⊙ 对齐（A）：通过指定文字的起始点和结束点来设置文字的高度和方向，文字将均匀地排列于基线起始点与结束点之间，文字的大小将根据其高度按比例调整。文字越长，其宽度越窄。

⊙ 调整（F）：文字将根据起始点与结束点定义的方向和一个高度值布满一个区域。文字越长，其宽度越窄，但高度保持不变。该方式只适用于水平方向的文字。

⊙ 中心（C）：从基线的水平中心对齐文字。此基线是由用户指定点确定的，如图 5-14 所示。

⊙ 中间（M）：文字在基线的水平中点和指定高度的垂直中点上对齐，中间对齐的文字不保持在基线上，如图 5-14 所示。

⊙ 右（R）：在由用户给出的点指定的基线上右对正文字。

⊙ 左上（TL）：在指定为文字顶点的点上左对正文字，以下各项只适用于水平方向的文字。

⊙ 中上（TC）：以指定为文字顶点的点居中对正文字。

⊙ 右上（TR）：以指定为文字顶点的点右对正文字。

⊙ 左中（ML）：在指定为文字中间点的点上靠左对正文字。

⊙ 正中（MC）：在文字的中央水平和垂直居中对正文字。

⊙ 右中（MR）：以指定为文字的中间点的点右对正文字。

⊙ 左下（BL）：以指定为基线的点左对正文字。

⊙ 中下（BC）：以指定为基线的点居中对正文字。

⊙ 右下（BR）：以指定为基线的点靠右对正文字。

各基点的位置如图 5-21 所示。

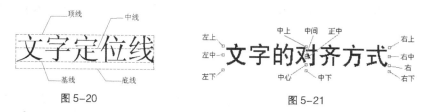

图 5-20　　　　　　　　　　　　　图 5-21

5. 输入特殊字符

创建单行文字时，用户还可以在文字中输入特殊字符，如直径符号 Φ、百分号％、正负公差符号±、文字的上划线、下划线等，但是这些特殊符号一般不能从键盘上直接输入，为此系统提供了专用的代码。代码是由"％％"与一个字符组成的，如％％C、％％D、％％P 等。表 5-1 所示为系统提供的特殊字符的代码。

表 5-1

代码	对应字符	输入效果
％％O	上划线	名称
％％U	下划线	名称
％％D	度数符号"。"	60°
％％P	公差符号"±"	±60
％％C	圆直径标注符号"Ø"	Ø60
％％％	百分号"％"	60％

5.1.4 【实战演练】——填写技术要求 2

利用"单行文字"命令填写技术要求 2。（最终效果参看光盘中的"Ch05 > 效果 > 填写技术要求 2"，见图 5-22。）

技术要求

未注明圆角半径R2

图 5-22

5.2 填写技术要求 3

5.2.1 【操作目的】

利用"多行文字"工具 A 填写技术要求 3。（最终效果参看光盘中的"Ch05 > 效果 > 填写技术要求 3"，见图 5-23。）

技术要求

1、高速齿轮轴m_n=1.5，z=30。

2、低速齿轮轴m_n=1.5，z=114。

3、中心距公差控制在$\phi 300^{+0.05}_{-0.00}$。

图 5-23

5.2.2 【操作步骤】

步骤 1 创建图形文件。选择"文件 > 新建"命令，弹出"选择样板"对话框，单击 打开(0) 按钮，创建新的图形文件。

步骤 2 设置文字样式。选择"样式"工具栏上的"文字样式"按钮 A，弹出"文字样式"对话框，如图 5-24 所示。单击 新建(N)... 按钮，弹出"新建文字样式"对话框，输入新的文字样式名，如图 5-25 所示。单击 确定 按钮，新的文字样式名会显示在"样式名"下拉列表中。在"字体名"下拉列表中选择"仿宋 GB2312"选项，如图 5-26 所示。

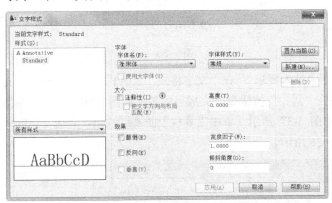

图 5-24

图 5-25

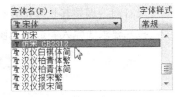

图 5-26

步骤 3 输入文字说明。选择"多行文字"命令 A，在绘图窗口中的适当位置单击并拖曳鼠标，绘制文字区域，弹出"文字格式"工具栏和"文字输入"框，如图 5-27 所示。在输入框中需要的文字，如图 5-28 所示。

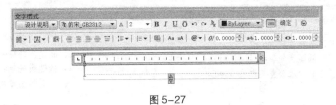

图 5-27

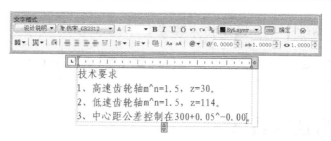

图 5-28

步骤 4 输入分数与公差。选中文字"^n",如图 5-29 所示,在"文字格式"工具栏中单击"堆叠"按钮，效果如图 5-30 所示,用相同的方法制作下方的堆叠效果,如图 5-31 所示。选中文字"+0.05^-0.00",如图 5-32 所示,在"文字格式"工具栏中单击"堆叠"按钮，效果如图 5-33 所示。

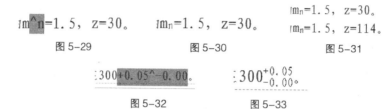

图 5-29　　　　　　图 5-30　　　　　　　图 5-31

图 5-32　　　　　　图 5-33

步骤 5 输入特殊字符。在文字"300"前面单击插入光标,在"文字格式"工具栏中单击"符号"按钮，在弹出的菜单中单击"直径"命令,如图 5-34 所示,效果如图 5-35 所示。

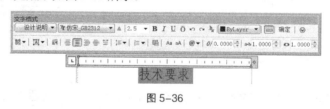

图 5-34　　　　　　图 5-35

步骤 6 更改文字高度。选中文字"技术要求",在"文字格式"工具栏的"文字高度"文本框中输入新的高度值"2.5",单击"居中"按钮，完成后的效果如图 5-36 所示。向左拖曳标尺右侧,调整其长度,效果如图 5-37 所示。单击工具栏上的 确定 按钮,完成文字的输入。技术要求 3 输入完成,如图 5-38 所示。

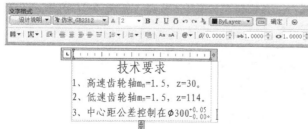

图 5-36

图 5-37　　　　　　　　　　　　　图 5-38

5.2.3　【相关工具】

1. 创建和修改多行文字

◎　创建多行文字

用户可以在"在位文字编辑器"中或利用命令提示窗口上的提示创建一个或多个多行文字段落。启用命令的方法如下。

⊙ 工 具 栏："绘图"工具栏中的"多行文字"按钮 **A**。

⊙ 菜单命令："绘图 > 文字 > 多行文字"。

⊙ 命 令 行：mtext。

选择"绘图 > 文字 > 多行文字"命令，光标变为"十ᵇᵇᶜ"形状。在绘图窗口中，单击指定一点并向右下方拖曳鼠标绘制出一个矩形框，如图 5-39 所示。

图 5-39

　提　示　　绘图区内出现的矩形方框用于指定多行文字的输入位置与大小，其箭头指示文字书写的方向。

拖曳鼠标到适当的位置后单击，弹出包括一个顶部带标尺的"文字输入"框和"文字格式"工具栏，如图 5-40 所示。

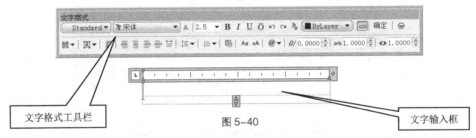

文字格式工具栏　　　　　　　图 5-40　　　　　　　文字输入框

在"文字输入"框中输入需要的文字，当文字达到定义边框的边界时会自动换行排列，如图 5-41 所示。输入完毕后，单击 确定 按钮，此时文字显示在用户指定的位置，如图 5-42 所示。

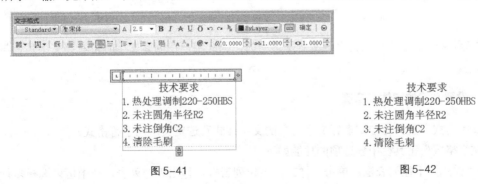

图 5-41　　　　　　　　　　　　　　　图 5-42

◎　修改多行文字

可以利用"在位文字编辑器"来修改多行文字的内容。

启用命令的方法如下。

⊙ 菜单命令:"修改 > 对象 > 文字 > 编辑"。

选择"修改 > 对象 > 文字 > 编辑"命令,启用多行文字的编辑命令后,弹出"文字格式"工具栏和"文字输入"框,如图 5-43 所示。在"文字输入"框内可对文字的内容、字体、大小、样式、颜色特性等进行修改。

图 5-43

提 示 直接双击要修改的多行文字对象,也可弹出在位文字编辑器,从而对文字进行修改。

2. 在位文字编辑器

在位文字编辑器用于创建或修改多行文字对象,也可用于从其他文件输入或粘贴文字以创建多行文字。它包括了一个顶部带标尺的"文字输入"框和"文字格式"工具栏,如图 5-44 所示。当选定表格单元进行编辑时,在位文字编辑器还将显示列字母和行号。

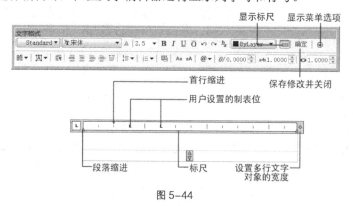

图 5-44

系统默认情况下,在位文字编辑器是透明的,因此用户在创建文字时可看到文字是否与其他对象重叠。

3. 设置文字的字体与高度

"文字格式"工具栏控制多行文字对象的文字样式和选定文字的字符格式。

"文字格式"工具栏中各选项的功能如下。

⊙ "样式"下拉列表框:单击"样式"下拉列表框,弹出下拉列表,从中可以选择多行文字对象的文字样式。

⊙ "字体"下拉列表框:单击"字体"下拉列表框,弹出下拉列表,从中可以为新输入的文字指定字体或改变选定文字的字体。

⊙ "注释性"按钮 ⚠ :打开或关闭当前多行文字对象的"注释性"。

⊙"字体高度"下拉列表框：单击"字体高度"下拉列表框右侧的 ▼ 按钮，弹出下拉列表，从中可以按图形单位设置新文字的字符高度或修改选定文字的高度。

⊙"粗体"按钮 **B**：若所选的字体支持粗体，则单击"粗体"按钮 **B**，可为新建文字或选定文字打开和关闭粗体格式。

⊙"斜体"按钮 *I*：若所选的字体支持斜体，则单击"斜体"按钮 *I*，可为新建文字或选定文字打开和关闭斜体格式。

⊙"下划线"按钮 U：单击"下划线"按钮 U，为新建文字或选定文字打开和关闭下划线。

⊙"上划线"按钮 O：单击"上划线"按钮 O，为新建文字或选定文字打开和关闭上划线。

⊙"放弃"按钮 ↺ 与"重做"按钮 ↻：用于在"文字输入"中放弃和重做操作，也可以按 Ctrl+Z 组合键与 Ctrl+Y 组合键来完成。

⊙"堆叠"按钮 ᵇₐ：用于创建堆叠文字，如尺寸公差。当选择的文字中包含堆叠字符，如插入符（^）、正向斜杠（/）和磅符号（#）时，单击该按钮，堆叠字符左侧的文字将堆叠在字符右侧的文字之上；再次单击该按钮可以取消堆叠。

⊙"文字颜色"下拉列表框：用于为新输入的文字指定颜色或修改选定文字的颜色。

⊙"标尺"按钮 ▦：用于在编辑器顶部显示或隐藏标尺。拖曳标尺末尾的箭头可更改多行文字对象的宽度。

⊙ 确定 按钮：用于关闭编辑器并保存所做的任何修改。

> **提　示**　在编辑器外部的图形中单击或按 Ctrl+Enter 组合键，也可关闭编辑器并保存所做的任何修改。要关闭"在位文字编辑器"而不保存修改，按 Esc 键。

"多行文字对正"按钮 Ⓐ▼：显示"多行文字对正"菜单，并且有 9 个对齐选项可用。

"段落"按钮 ▤：显示"段落"对话框，可以设置其中的各个参数。

⊙"左对齐"按钮 ▤：用于设置文字边界左对齐。

⊙"居中"按钮 ▤：用于设置文字边界居中对齐。

⊙"右对齐"按钮 ▤：用于设置文字边界右对齐。

⊙"对正"按钮 ▤：用于设置文字对齐。

⊙"分布"按钮 ▤：用于设置文字沿文本框长度均匀分布。

⊙"行距"按钮 ▤：弹出行距下拉菜单，显示建议的行距选项或"段落"对话框，用于设置文字行距。

⊙"编号"按钮 ▤：弹出编号下拉菜单，用于使用编号创建列表。

> **提　示**　要使用小写字母创建列表，可在编辑器上单击鼠标右键，弹出快捷菜单，选择"项目符号和列表 > 以字母标记 > 小写"命令。

⊙"插入字段"按钮 ▤：单击"插入字段"按钮 ▤，会弹出"字段"对话框，如图 5-45 所示。从中可以选择要插入到文字中的字段。关闭该对话框后，字段的当前值将显示在文字中。

⊙"全部大写"按钮 Aa：用于将选定文字更改为大写。

⊙"小写"按钮 aA：用于将选定文字更改为小写。

⊙"符号"按钮 @▼：用于在光标位置插入符号或不间断空格，也可以手动插入符号。

中等职业教育数字艺术类规划教材

图 5-45

⊙ "倾斜角度"列表框：用于确定文字是向右倾斜还是向左倾斜。倾斜角度表示的是相对于 90°角方向的偏移角度。可输入一个-85°～85°的数值使文字倾斜。倾斜角度值为正时文字向右倾斜，倾斜角度值为负时文字向左倾斜，如图 5-46 所示。

⊙ "追踪"列表框：用于增大或减小选定字符之间的空间。默认设置是常规间距"1.0"。设置大于 1.0 可增大字符间距，反之则减小间距，如图 5-47 所示。

AaBb *AaBb*
追踪角度值为-15　　　追踪角度值为 15

图 5-46

A a B b　　AaBb
追踪值为 1.0　　　追踪值为 2.0

图 5-47

⊙ "宽度因子"列表框：用于扩展或收缩选定字符。默认的 1.0 设置代表此字体中字母的常规宽度。设置大于 1.0 可以增大该宽度，反之则减小该宽度，如图 5-48 所示。

⊙ "选项"按钮 ⊙：用于显示选项下拉菜单，如图 5-49 所示。该"选项"按钮控制"文字格式"工具栏的显示并提供了其他编辑命令。

AaBb　　**AaBb**
宽度比例为 1.0　　　宽度比例为 2.0

图 5-48

图 5-49

4. 输入特殊字符

利用"多行文字"命令可以输入相应的特殊字符。

在"文字格式"工具栏中单击"符号"按钮 @▼，或者在"文字输入"框中单击鼠标右键，在"符号"选项的子菜单中将列出多种特殊符号供用户选择使用，如图 5-50 所示。每个选项命令的后面都会标明符号的输入方法，其表示方式与在单行文字中输入特殊字符的表示方式相同。

如果不能找到需要的符号，可以选择"其他"菜单命令，此时会弹出"字符映射表"对话框，并在列表框中显示各种符号，如图 5-51 所示。

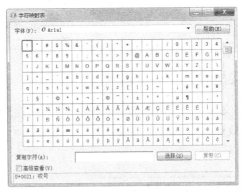

图 5-50　　　　　　　　　　　　　　　图 5-51

5. 输入分数与公差

"文字格式"对话框中的"堆叠"按钮 ，用于设置有分数、公差等形式的文字。通常可使用"/"、"^"或"#"等符号设置文字的堆叠形式。

文字的堆叠形式如下。

⊙ 分数形式：使用"/"或"#"连接分子与分母，然后选择分数文字，单击"堆叠"按钮 ，即可显示为分数的表示形式，效果如图 5-52 所示。

⊙ 上标形式：使用字符"^"标识文字，将"^"放在文字之后，然后将其与文字都选中，并单击"堆叠"按钮 ，即可设置所选文字为上标字符，效果如图 5-53 所示。

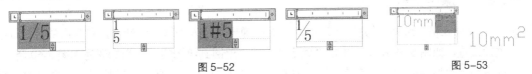

图 5-52　　　　　　　　　　　　　　　图 5-53

⊙ 下标形式：将"^"放在文字之前，然后将其与文字都选中，并单击"堆叠"按钮 ，即可设置所选文字为下标字符，效果如图 5-54 所示。

⊙ 公差形式：将字符"^"放在文字之间，然后将其与文字都选中，并单击"堆叠"按钮 ，即可将所选文字设置为公差形式，效果如图 5-55 所示。

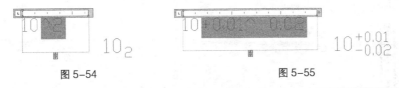

图 5-54　　　　　　　　　　　　　　　图 5-55

提　示　　当需要修改分数、公差等形式的文字时，可选择已堆叠的文字，单击鼠标右键，选择"堆叠特性"命令，弹出"堆叠特性"对话框，如图 5-56 所示。对需要修改的选项进行修改，然后单击 确定 按钮。

图 5-56

5.2.4 【实战演练】——输入技术要求 4

利用"多行文字"工具 **A** 输入设计说明。（最终效果参看光盘中的"Ch05 > 效果 > 输入技术要求 4"，见图 5-57。）

技术要求
1、铸件须进行热处理，硬度 ⅡB170-241；
2、未注圆角R2-4。

图 5-57

5.3 填写技术特性表

5.3.1 【操作目的】

利用表格制作技术特性表。（最终效果参看光盘中的"Ch05 > 效果 > 技术特性表"，见图 5-58。）

技术特性						
功率（KW）	转速（%min）	效率	传动比	m_n	z_1	z_2
5.58	1450	0.88	5	2	30	150

图 5-58

5.3.2 【操作步骤】

步骤 1 新建表格。选择"绘图 > 表格"命令，弹出"插入表格"对话框，在弹出的对话框中进行设置，如图 5-59 所示，单击"确定"按钮，返回到绘图窗口，光标变为如图 5-60 所示，单击插入表格并显示"文字格式"工具栏，如图 5-61 所示，单击 确定 按钮，效果如图 5-62 所示。

图 5-59

图 5-60

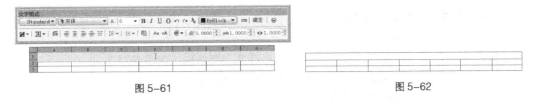

图 5-61　　　　　　　　　　　　　　　　图 5-62

步骤 ② 输入"标题"文字。双击单元格，弹出"文字格式"工具栏，同时显示表格的列字母和行号，光标变成文字光标，如图 5-63 所示。在"文字格式"工具栏上设置文字的样式、字体、颜色等，在表格单元格中输入相应的文字"技术特性"，如图 5-64 所示。

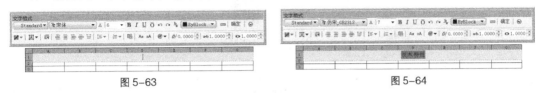

图 5-63　　　　　　　　　　　　　　　　图 5-64

步骤 ③ 输入其他文字和分数。用相同的方法分别在单元格中输入其他文字，如图 5-65 所示。选中文字"r/min"，如图 5-66 所示，在"文字格式"工具栏中单击"堆叠"按钮 ⅱ，效果如图 5-67 所示。用相同的方法制作下方的堆叠效果，如图 5-68 所示。

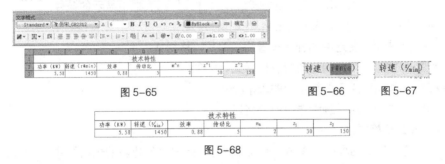

图 5-65　　　　　　　　　　　　　图 5-66　　　　图 5-67

技术特性						
功率（KW）	转速（r/min）	效率	传动比	m_n	z_1	z_2
5.58	1450	0.88	5	2	30	150

图 5-68

步骤 ④ 调整对齐方式。单击左上角选取整个表格，如图 5-69 所示。弹出"表格"工具栏，单击"对齐"按钮 ⬛▾，在弹出的菜单中选择"正中"命令，文字居中对齐，效果如图 5-70 所示。

图 5-69　　　　　　　　　　　　　　图 5-70

5.3.3　【相关工具】

1. 设置表格样式

利用 AutoCAD 2010 的表格功能，可以方便、快速地绘制图纸所需的表格，如会签栏、标题栏等。

在绘制表格之前，用户需要启用"表格样式"命令来设置表格的样式，使表格按照一定的标准进行创建。

启用命令的方法如下。

⊙ 工 具 栏："样式"工具栏中的"表格样式"按钮 ▣。

⊙ 菜单命令："格式 > 表格样式"。

⊙ 命 令 行：tablest yle。

选择"格式 > 表格样式"命令，弹出"表格样式"对话框，如图 5-71 所示。

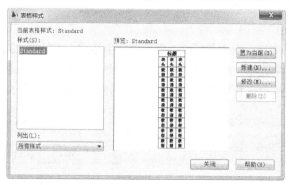

图 5-71

"表格样式"对话框中各选项的功能如下。

⊙ "样式"列表框：用于显示所有的表格样式，默认的表格样式为"Standard"。

⊙ "列出"下拉列表：用于控制表格样式在"样式"列表框中显示的条件。

⊙ "预览"框：用于预览选中的表格样式。

⊙ 置为当前(U) 按钮：将选中的样式设置为当前的表格样式。

⊙ 新建(N)... 按钮：用于创建新的表格样式。

⊙ 修改(M)... 按钮：用于编辑选中的表格样式。

⊙ 删除(D) 按钮：用于删除选中的表格样式。

◎ **创建新的表格样式**

在"表格样式"对话框中，单击 新建(N)... 按钮，弹出"创建新的表格样式"对话框，在"新样式名"文本框中输入新的样式名称，如图 5-72 所示。单击 继续 按钮，弹出"新建表格样式"对话框，如图 5-73 所示。

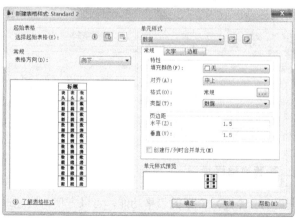

图 5-72   图 5-73

"新建表格样式"对话框中各选项的功能如下。

"起始表格"选项组可以使用用户在图形中指定一个表格用作样例来设置此表格样式的格式。

⊙ "选择一个表格用作此表格样式的起始表格"按钮：单击该按钮回到绘图界面，选择表格后，可以指定要从该表格复制到表格样式的结构和内容。

⊙ "删除表格"按钮：用于将表格从当前指定的表格样式中删除。

"基本"选项组用于更改表格方向。

⊙ "表格方向"下拉列表：设置表格方向。"向下"将创建由上而下读取的表格。"向上"将创建由下而上读取的表格。

"单元样式"选项组用于定义新的单元样式或修改现有单元样式。

⊙ "单元样式"列表框：用于显示表格中的单元样式。单击"创建新单元样式"按钮，弹出"创建新单元样式"对话框，在"新样式名"文本框中输入要建立的新样式的名称，单击 继续 按钮，返回"表格样式"对话框，可以对其进行各项设置；单击"管理单元样式"按钮，弹出"管理单元样式"对话框，如图5-74所示，可以对"单元样式"中的已有样式进行操作，也可以新建单元样式。

"基本"选项卡用于设置表格特性和页边距，如图5-75所示。

图5-74

图5-75

"特性"选项组。

⊙ "填充颜色"列表框：用于指定单元的背景色，默认值为"无"。

⊙ "对齐"列表框：设置表格单元中文字的对正和对齐方式。文字相对于单元的顶部边框和底部边框进行居中对齐、上对齐或下对齐。文字相对于单元的左边框和右边框进行居中对正、左对正或右对正。

"格式"为表格中的各行设置数据类型和格式。单击右边的按钮，弹出"表格单元格式"对话框，从中可以进一步定义格式选项。

⊙ "类型"列表框：用于将单元样式指定为标签或数据。

"页边距"选项组。

⊙ "水平"数值框：用于设置单元中的文字或块与左右单元边界之间的距离。

⊙ "垂直"数值框：用于设置单元中的文字或块与上下单元边界之间的距离。

⊙ "创建行/列时合并单元"复选框：将使用当前单元样式创建的所有新行或新列合并为一个单元。可以使用此选项在表格的顶部创建标题行。

"文字"选项卡用于设置文字特性，如图5-76所示。

图5-76

⊙ "文字样式"列表框：用于设置表格内文字的样式。若表格内的文字显示为"？"符号，则需要设置文字的样式。单击"文字样式"列表框右边的按钮，弹出"文字样式"对话框。在

"字体"选项组的"字体名"下拉列表中选择"仿宋_GB2312"选项，并依次单击 应用(A) 按钮和 关闭(C) 按钮，关闭对话框，这时预览框可显示文字。

⊙ "文字高度"数值框：用于设置表格中文字的高度。

⊙ "文字颜色"列表框：用于设置表格中文字的颜色。

⊙ "文字角度"数值框：用于设置表格中文字的角度。

"边框"选项卡用于设置边框的特性，如图 5-77 所示。

⊙ "线宽"列表框：通过单击边界按钮，设置将要应用于指定边界的线宽。

⊙ "线型"列表框：通过单击边界按钮，设置将要应用于指定边界的线型。

⊙ "颜色"列表框：通过单击边界按钮，设置将要应用于指定边界的颜色。

图 5-77

⊙ "双线"复选框：选中该复选框，则表格的边界将显示为双线，同时激活"间距"数值框。

⊙ "间距"数值框：用于设置双线边界的间距。

⊙ "所有边框"按钮⊞：将边界特性设置应用于所有数据单元、列标题单元或标题单元的所有边界。

⊙ "外边框"按钮⊡：将边界特性设置应用于所有数据单元、列标题单元或标题单元的外部边界。

⊙ "内边框"按钮⊞：将边界特性设置应用于除标题单元外的所有数据单元或列标题单元的内部边界。

⊙ "底部边框"按钮⊟：将边界特性设置应用到指定单元样式的底部边界。

⊙ "左边框"按钮：将边界特性设置应用到指定的单元样式的左边界。

⊙ "上边框"按钮：将边界特性设置应用到指定单元样式的上边界。

⊙ "右边框"按钮：将边界特性设置应用到指定单元样式的右边界。

⊙ "无边框"按钮⊡：隐藏数据单元、列标题单元或标题单元的边界。

⊙ "单元样式预览"框：用于显示当前设置的表格样式。

◎ **重新命名表格样式**

在"表格样式"对话框的"样式"列表中，用鼠标右键单击要重新命名的表格样式，并在弹出的快捷菜单中选择"重命名"命令，如图 5-78 所示。此时表格样式的名称变为可编辑的文本框，如图 5-79 所示，输入新的名称，按 Enter 键完成操作。

图 5-78

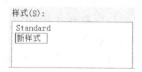

图 5-79

◎ 设置为当前样式

在"表格样式"对话框的"样式"列表中，选择一种表格样式，单击 置为当前(U) 按钮，将该样式设置为当前的表格样式。

用户也可以利用鼠标右键单击"样式"列表中的一种表格样式，在弹出的快捷菜单中选择"置为当前"命令，将该样式设置为当前的表格样式。

完成后单击 关闭 按钮，保存设置并关闭对话框。

◎ 修改已有的表格样式

若需要对表格的样式进行修改，可以选择"格式 > 表格样式"命令，弹出"表格样式"对话框。在"样式"列表内选择表格样式，单击 修改(M)... 按钮，弹出"修改表格样式"对话框，如图 5-80 所示，从中可修改表格的各项属性。修改完成后，单击 确定 按钮，完成表格样式的修改。

◎ 删除表格样式

在"表格样式"对话框的"样式"列表中，选择一种表格样式，单击 删除(D) 按钮，此时系统会弹出提示信息，要求用户确认删除操作，如图 5-81 所示。单击 删除(D) 按钮，即可将选中的表格样式删除。

图 5-80　　　　　　　　　　　图 5-81

2. 创建表格

利用"表格"命令可以方便、快速地创建图纸所需的表格。

启用命令的方法如下。

⊙ 工具栏："绘图"工具栏中的"表格"按钮。

⊙ 菜单命令："绘图 > 表格"。

⊙ 命令行：table。

选择"绘图 > 表格"命令，弹出"插入表格"对话框，如图 5-82 所示。

"插入表格"对话框中各选项的功能如下。

⊙ "表格样式"下拉列表：用于选择要使用的表格样式。单击右边的按钮，弹出"表格样式"对话框，可以创建表格样式。

"插入选项"选项组用于指定插入表格的方式。

⊙ "从空表格开始"单选项：用于创建可以手动填充数据的空表格。

⊙"自数据链接"单选项：利用外部电子表格中的数据创建表格，单击右边的"启动'数据链接管理器'对话框"按钮，弹出"选择数据链接"对话框，在其中可以创建新的或是选择已有的表格数据。

⊙"自图形中的对象数据（数据提取）"单选项：选中此选项后单击 确定 按钮，可以开启"数据提取"向导，用于从图形中提取对象数据，这些数据可输出到表格或外部文件。

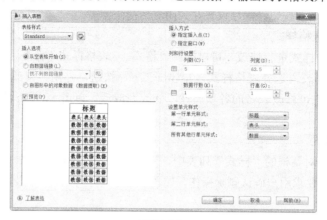

图 5-82

"插入方式"选项组用于确定表格的插入方式。

⊙"指定插入点"单选项：用于设置表格左上角的位置。如果表格样式将表的方向设置为由下而上读取，则插入点位于表的左下角。

⊙"指定窗口"单选项：用于设置表的大小和位置。选中此选项时，行数、列数、列宽和行高取决于窗口的大小以及列和行的设置。

"列和行设置"选项组用于确定表格的列数、列宽、行数、行高。

⊙"列数"数值框：用于指定列数。

⊙"列宽"数值框：用于指定列的宽度。

⊙"数据行数"数值框：用于指定行数。

⊙"行高"数值框：用于指定行的高度。

"设置单元样式"选项组用于对那些不包含起始表格的表格样式，指定新表格中行的单元样式。

⊙"第一行单元样式"列表框：用于指定表格中第一行的单元样式，包括"标题"、"表头"和"数据"3个选项。默认情况下，使用"标题"单元样式。

⊙"第二行单元样式"列表框：用于指定表格中第二行的单元样式，包括"标题"、"表头"和"数据"3个选项。默认情况下，使用"表头"单元样式。

⊙"所有其他行单元样式"列表框：用于指定表格中所有其他行的单元样式，包括"标题"、"表头"和"数据"3个选项。默认情况下，使用"数据"单元样式。

根据表格的需要设置相应的参数，单击 确定 按钮，关闭"插入表格"对话框，返回到绘图窗口，此时光标变为如图 5-83 所示。

在绘图窗口中单击，即可指定插入表格的位置，此时会弹出"文字格式"工具栏。在标题栏中，光标变为文字光标，如图 5-84 所示。

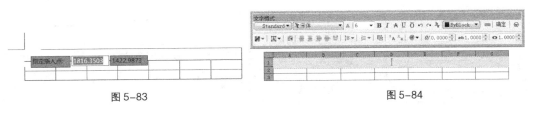

图 5-83 图 5-84

提 示 绘制表格时，可以通过输入数值来确定表格的大小，列和行将自动调整其数量，以适应表格的大小。

若在输入文字之前直接单击"文字格式"工具栏中的 确定 按钮，则可以退出表格的文字输入状态，此时可以绘制没有文字的表格，如图 5-85 所示。

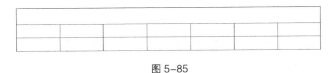

图 5-85

3. 填写表格

步骤 1 单击"表格"按钮，弹出"插入表格"对话框。设置表格为 7 列，数据行为 1 行，如图 5-86 所示。完成后单击 确定 按钮，将表格插入到绘图区域，如图 5-87 所示。

图 5-86

图 5-87

步骤 2 双击每一个表格，输入表格内容，并单击"文字格式"工具栏中的 确定 按钮，完成表格填写，如图 5-88 所示。

步骤 3 单击表格右下角的单元格，将其激活，弹出"表格"工具条，选择"插入公式"按钮，弹出下拉菜单，选择"求和"，如图 5-89 所示。此时系统提示选择表格单元的范围。在轴承下方的单元格中单击鼠标，作为第一个角点；在密封圈下方的单元格中单击鼠标，作为第二个角点，如图 5-90 所示。接着系统会弹出"文字格式"工具栏，同时表格如图 5-91 所示。单击 确定 按钮，完成公式自动求和。

公式求和						
名称	轴承	螺栓	螺母	垫圈	密封圈	总计
数量	20	24	24	48	6	

图 5-88

图 5-89

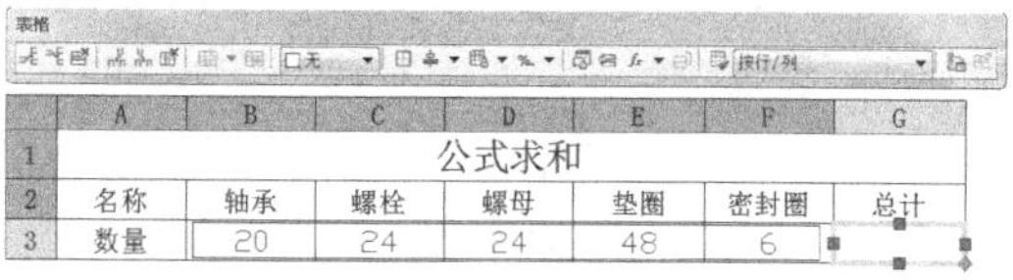

图 5-90

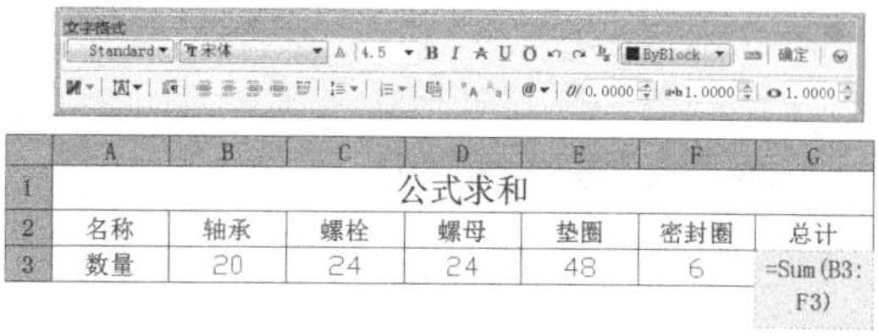

图 5-91

4. 修改表格

通过调整表格的样式，可以对表格的特性进行编辑；通过文字编辑工具，可以对表格中的文字进行编辑；通过在表格中插入块，可以对块进行编辑；通过编辑夹点，可以调整表格中行与列的大小。

◎ **编辑表格的特性**

在编辑表格特性时，可以对表格中栅格的线宽、颜色等特性进行编辑，也可以对表格中文字的高度、颜色等特性进行编辑。

◎ **编辑表格的文字内容**

在编辑表格特性时，对表格中文字样式的某些修改不能应用在表格中，这时可以单独对表格中的文字进行修改。表格文字的大小会决定表格单元格的大小，如果表格中某行中的一个单元格发生变化，它所在的行也会发生变化。

双击单元格中的文字，如双击表格内的文字"名称"，弹出"文字格式"工具栏，此时可以对单元格中的文字进行编辑，如图 5-92 所示。

光标显示为文字光标时，可以修改文字内容、字体和字号等特性，也可以继续输入其他字符。在文字之间输入空格，效果如图 5-93 所示。使用这种方法可以修改表格中的所有文字内容。

图 5-92

图 5-93

按 Tab 键，切换到下一个单元格，如图 5-94 所示，此时可以对文字进行编辑。依次按 Tab 键，即可切换到相应的单元格，完成编辑后，单击 确定 按钮。

注 意 按 Tab 键切换单元格时，若插入的是块的单元格，则跳过该单元格。

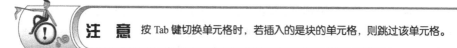

图 5-94

◎ 编辑表格中的行与列

在选择"表格"工具建立表格时，行与列的间距都是均匀的，这就使得表格中空白了大部分区域，增加了表格的大小。如果要使表格中行与列的间距适合文字的宽度和高度，可以通过调整夹点来实现。当选择整个表格时，表格上会出现夹点，如图 5-95 所示，拖动夹点即可调整表格，使表格更加简明、美观。

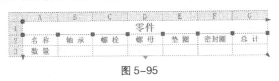

图 5-95

> **提 示**　若想选择整个表格，需将表格全部选中或者单击表格单元边框线。若在表格的单元格内部单击，只能选择所在单元格。

编辑表格中某个单元格的大小可以调整单元格所在的行与列的大小。

在表格的单元格中单击，夹点的位置位于被选择的单元格边界的中间，如图 5-96 所示。选择夹点进行拉伸，即可改变单元格所在行或列的大小，如图 5-97 所示。

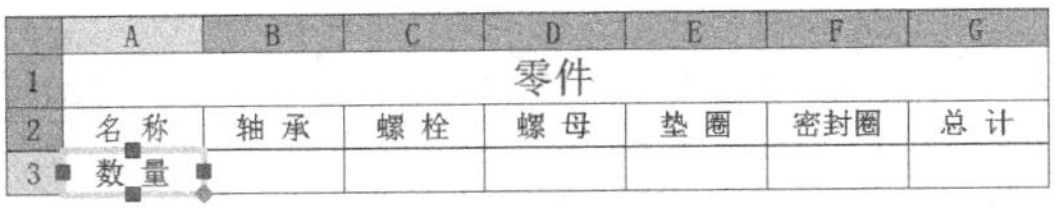

图 5-96 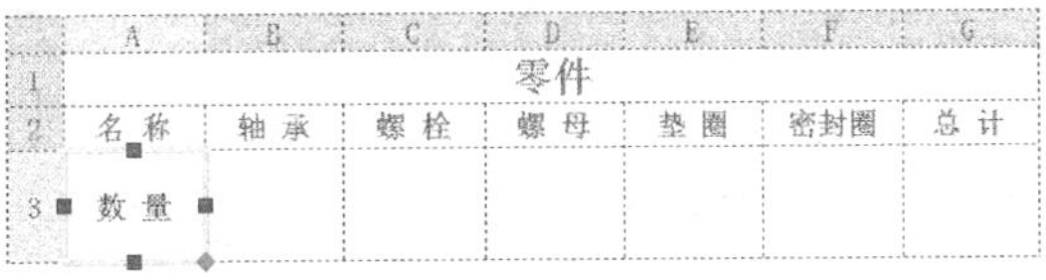　　　　　　　　　　　图 5-97

5.3.4 【实战演练】——填写材料明细表

利用"表格"命令制作材料明细表。（最终效果参看光盘中的"Ch05 > 效果 > 材料明细表"，见图 5-98。）

序号	名　　称	数量	材料	附　注
1	搬　　手	1	HT150	
2	阀　　杆	1	40	
3	螺钉M40×10	1	Q235	GB73-85
4	压　　盖	1	Q235	
5	压　　环	1	Q235	
6	密　封　环	1	聚四氟乙烯	
7	垫　　环	1	Q235	
8	阀　　体	1	HT150	
9	球	1	45	
10	密　封　环	2	聚四氟乙烯	
11	垫　　片	1	聚四氟乙烯	
12	阀　　体	1	HT150	

图 5-98

5.4　综合演练——填写技术要求、标题栏和明细表

使用"样式"菜单命令创建表格样式、"表格"按钮和"单行文字"命令，填写标题栏、技术要求和明细表。（最终效果参看光盘中的"Ch05> 效果 > 填写技术要求、标题栏和明细表"，见图 5-99。）

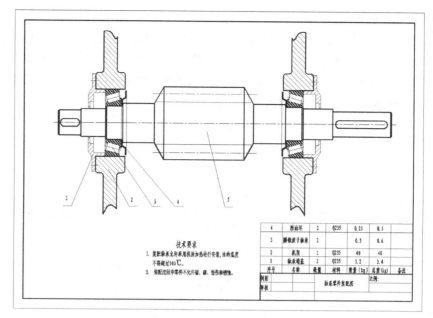

图 5-99

第**6**章　尺寸标注

本章主要介绍尺寸的标注方法及技巧。工程设计图是以图内标注尺寸的数值为准的，尺寸标注在工程设计图中是一项非常重要的内容。本章介绍的知识可帮助用户学习如何在绘制好的图形上添加尺寸标注、材料标注等，来表达一些图形所无法表达的信息。

 课堂学习目标

- 尺寸样式
- 创建线性尺寸
- 创建角度尺寸
- 创建直径尺寸与半径尺寸
- 创建弧长尺寸
- 创建连续及基线尺寸
- 创建特殊尺寸
- 快速标注
- 编辑尺寸标注

6.1 标注压盖零件图

6.1.1　【操作目的】

利用"线性"按钮□、"半径"命令◎和"直径"按钮◎标注压盖零件图。（最终效果参看光盘中的"Ch06 > 效果 > 标注压盖零件图"，见图6-1。）

6.1.2　【操作步骤】

步骤 1 打开图形文件。选择"文件 > 打开"命令，打开光盘中的"Ch06 > 素材 > 压盖"文件，如图6-2所示。选择"标注 > 线性"命令，对压盖厚度进行标注，图形效果如图6-3所示。

命令:_dimlinear

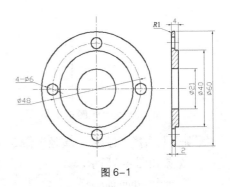

图 6-1

指定第一条尺寸界线原点或 <选择对象>:   //选择交点 A，如图 6-3 所示

指定第二条尺寸界线原点: //选择交点 B，如图 6-3 所示

指定尺寸线位置或

[多行文字(M)/文字(T)/角度(A)/水平(H)/垂直(V)/旋转(R)]:   //选择尺寸线的位置

标注文字 =4

命令: //按 Enter 键

DIMLINEAR

指定第一条尺寸界线原点或 <选择对象>:   //选择交点 C，如图 6-3 所示

指定第二条尺寸界线原点: //选择交点 D，如图 6-3 所示

指定尺寸线位置或

[多行文字(M)/文字(T)/角度(A)/水平(H)/垂直(V)/旋转(R)]:   //选择尺寸线的位置

标注文字 =2

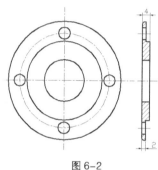

图 6-2

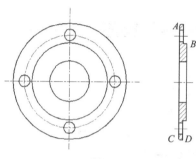

图 6-3

步骤 2 选择"标注 > 半径"命令，选择圆弧线 A，即对压盖的圆角进行标注，如图 6-4 所示，
图形效果如图 6-5 所示。

命令: _dimradius

选择圆弧或圆: //选择圆弧线 A

标注文字 =1

指定尺寸线位置或 [多行文字(M)/文字(T)/角度(A)]:   //选择尺寸线的位置

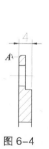

图 6-4

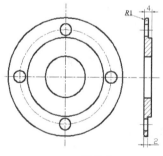

图 6-5

步骤 3 选择"标注 > 直径"命令，对压盖圆孔的定位线和 4 个小圆孔的定形尺寸进行标注，
效果如图 6-7 所示。

命令: _dimdiameter

选择圆弧或圆: //选择圆 A

标注文字 = 48

指定尺寸线位置或 [多行文字(M)/文字(T)/角度(A)]:　　　　　//选择尺寸线的位置，如图 6-6 所示

命令: _dimdiameter　　　　　　　　　　　　　　　　　//按 Enter 键

选择圆弧或圆:　　　　　　　　　　　　　　　　　　　//选择小圆孔 A

标注文字 = 6

指定尺寸线位置或 [多行文字(M)/文字(T)/角度(A)]:　　　　　//选择尺寸线的位置

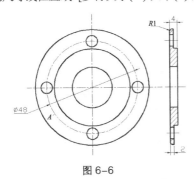　　　　　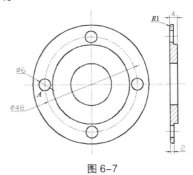

　　　　　　　图 6-6　　　　　　　　　　　　　　　　　　　图 6-7

步骤 4 输入小圆孔的数目。选择"修改 > 对象 > 文字 > 编辑"命令，选取小圆孔的尺寸文
字"Ø6"，弹出"文字格式"对话框和"文字输入"框。在"文字输入"框的"Ø6"符号前
输入"4－"，如图 6-8 所示。单击 确定 按钮，按 Enter 键，效果如图 6-9 所示。

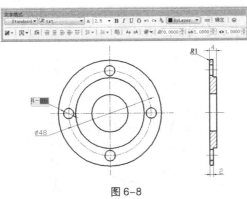　　　　　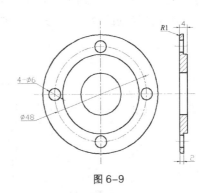

　　　　　　　图 6-8　　　　　　　　　　　　　　　　　　　图 6-9

步骤 5 创建新的尺寸样式"直径型尺寸"。选择"格式 > 标注样式"命令，弹出"标注样式
管理器"对话框，如图 6-10 所示。单击 新建(N)... 按钮，弹出"创建新标注样式"对话框，
输入新的尺寸样式的名称"直径型尺寸"，如图 6-11 所示。

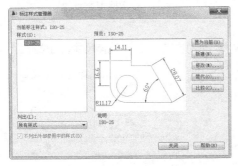　　　　　

　　　　　　　图 6-10　　　　　　　　　　　　　　　　　　　图 6-11

步骤 6 设置当前标注样式。单击 继续 按钮，弹出"新建标注样式：直径型尺寸"对话框，单击"主单位"选项卡，在"前缀"文本框内输入符号"%%C"，如图 6-12 所示，单击 确定 按钮，返回"标注样式管理器"对话框。在"标注样式管理器"对话框的"样式"列表内，选择"直径型尺寸"选项，如图 6-13 所示。单击 置为当前(U) 按钮，单击 关闭 按钮，即可将刚创建的标注样式"直径型尺寸"设置为当前标注样式。

图 6-12　　　　　　　　　　　　　　　　　　图 6-13

步骤 7 选择"标注 > 线性"命令，对压盖内径进行标注，图形效果如图 6-14 所示。用相同的方法对小压盖的凸台直径及其外径进行标注，如图 6-15 所示。

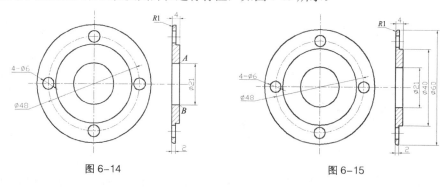

图 6-14　　　　　　　　　　　　　　　　图 6-15

命令：_dimlinear

指定第一条尺寸界线原点或 <选择对象>: <对象捕捉 开>　　//打开对象捕捉开关,捕捉交点 A

指定第二条尺寸界线原点:　　//捕捉交点 B

指定尺寸线位置或

[多行文字(M)/文字(T)/角度(A)/水平(H)/垂直(V)/旋转(R)]:　　//选择尺寸线的位置

标注文字 = 21

6.1.3 【相关工具】

1. 尺寸标注的概念

标注具有以下几种独特的元素：标注文字、尺寸线、箭头和尺寸界线，如图 6-16 所示。

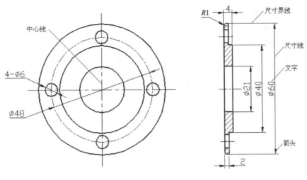

图 6-16

⊙ 标注文字。用于指示测量值的字符串。文字还可以包含前缀、后缀和公差，用户可对其进行编辑。

⊙ 尺寸线。用于指示标注的方向和范围。尺寸线通常为直线，对于角度和弧长标注，尺寸线是一段圆弧。

⊙ 尺寸界线。指从被标注的对象延伸到尺寸线的线段，它指定了尺寸线的起始点与结束点。通常，尺寸界线应从图形的轮廓线、轴线、对称中心线引出，同时轮廓线、轴线、对称中心线也可以作为尺寸界线。

⊙ 箭头。用于显示尺寸线的两端。用户可以为箭头指定不同的形状，通常在建筑制图中采用斜线形式。

⊙ 圆心标记。指标记圆或圆弧中心的小十字。

⊙ 中心线。指标记圆或圆弧中心的虚线。

2. 创建尺寸样式

默认情况下，在 AutoCAD 2010 中创建尺寸标注时使用的尺寸标注样式是"ISO-25"，用户可以根据需要修改或创建一种新的尺寸标注样式。

AutoCAD 2010 提供的"标注样式"命令用来创建尺寸标注样式。启用"标注样式"命令后，系统将弹出"标注样式管理器"对话框，从中可以创建或调用已有的尺寸标注样式。在创建新的尺寸标注样式时，用户需要设置尺寸标注样式的名称，并选择相应的属性。

启用命令的方法如下。

⊙ 工 具 栏："样式"工具栏中的"标注样式"按钮 。

⊙ 菜单命令："格式 > 标注样式"。

⊙ 命 令 行：dimstyle。

选择"格式 > 标注样式"命令创建尺寸样式，操作步骤如下。

步骤 1 启用"标注样式"命令，弹出"标注样式管理器"对话框，在"样式"列表框中显示了当前使用图形中已存在的标注样式，如图 6-17 所示。

步骤 2 单击 新建(N)... 按钮，弹出"创建新标注样式"对话框。在"新样式名"文本框中输入新的样式名称；在"基础样式"下拉列表中选择新标注样式是基于哪一种标注样式创建的；在"用于"下拉列表中选择标注的应用范围，如应用于所有标注、半径标注、对齐标注等，如图 6-18 所示。

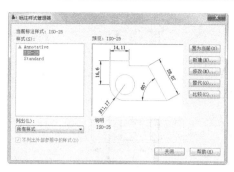

图 6-17　　　　　　　　　图 6-18

步骤 3 单击 继续 按钮，弹出"新建标注样式"对话框，可以对 7 个选项卡进行设置，如图 6-19 所示。

步骤 4 单击 确定 按钮，建立新的标注样式，其名称显示在"标注样式管理器"对话框的"样式"列表框中，如图 6-20 所示。

步骤 5 在"样式"列表框中选中刚创建的标注样式，单击 置为当前(U) 按钮，将该样式设置为当前使用的标注样式。

步骤 6 单击 关闭 按钮，关闭"标注样式管理器"对话框，返回绘图窗口。

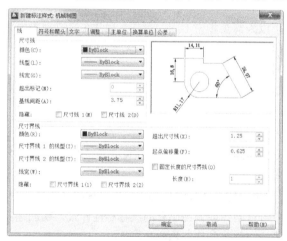

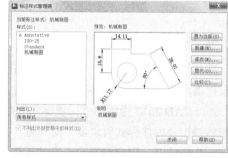

图 6-19　　　　　　　　　图 6-20

3. 创建线性样式

利用线性尺寸标注可以对水平、垂直、倾斜等方向的对象进行标注。

标注线性尺寸一般可使用以下两种方法。

⊙ 通过在标注对象上指定尺寸线的起始点和终止点，创建尺寸标注。

⊙ 按 Enter 键，光标变为拾取框，直接选取要进行标注的对象。

◎ **标注水平和竖直的线性尺寸**

利用"线性"命令标注对象尺寸时，可以直接对水平或竖直方向的对象进行标注。如果是倾斜对象，可以输入旋转命令，使尺寸标注适合倾斜对象进行旋转。

启用命令的方法如下。

⊙ 工具栏："标注"工具栏中的"线性"按钮。

⊙ 菜单命令："标注 > 线性"。

⊙ 命令行：dimlinear。

启用"线性"命令可以标注水平和垂直方向的线性尺寸。

打开光盘中的"Ch06 > 素材 > 锥齿轮.dwg"文件，在锥齿轮上标注交点 A 与交点 B 之间的水平距离，如图 6-21 所示。操作步骤如下：

命令：_dimlinear　　　　　　　　　　　　　　　　//单击"线性"按钮⊞

指定第一条尺寸界线原点或 <选择对象>：<对象捕捉 开>　　//打开对象捕捉功能，选择交点 A

指定第二条尺寸界线原点：　　　　　　　　　　　　//选择交点 B

指定尺寸线位置或

[多行文字(M)/文字(T)/角度(A)/水平(H)/垂直(V)/旋转(R)]：H　　//选择"水平"选项

指定尺寸线位置或 [多行文字(M)/文字(T)/角度(A)]：　　//选择尺寸线的位置

标注文字 = 110

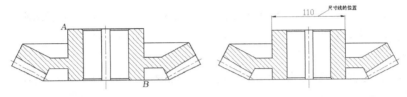

图 6-21

打开光盘中的"Ch06 > 素材 > 锥齿轮.dwg"文件，在锥齿轮上标注交点 A 与交点 B 之间的竖直距离，即标注锥齿轮的厚度，如图 6-22 所示。操作步骤如下：

命令：_dimlinear　　　　　　　　　　　　　　　　//单击"线性"按钮⊞

指定第一条尺寸界线原点或 <选择对象>：<对象捕捉 开>　　//打开对象捕捉功能，选择交点 A

指定第二条尺寸界线原点：　　　　　　　　　　　　//选择交点 B

指定尺寸线位置或

[多行文字(M)/文字(T)/角度(A)/水平(H)/垂直(V)/旋转(R)]：V　　//选择"垂直"选项

指定尺寸线位置或 [多行文字(M)/文字(T)/角度(A)]：　　//选择尺寸线的位置

标注文字 = 72

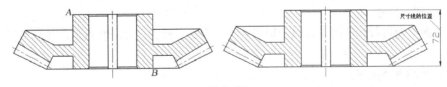

图 6-22

提示选项说明如下。

⊙ 多行文字(M)：用于打开"在位文字编辑器"的"文字格式"工具栏和"文字输入"框，如图 6-23 所示。标注的文字是自动测量得到的数值。

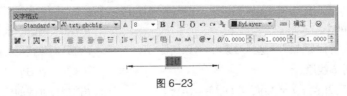

图 6-23

⊙ 文字(T)：用于设置尺寸标注中的文本值。

⊙ 角度(A)：用于设置尺寸标注中的文本数字的倾斜角度。

⊙ 水平(H)：用于创建水平线性标注。

⊙ 垂直(V)：用于创建垂直线性标注。

⊙ 旋转(R)：用于创建旋转一定角度的尺寸标注。

 提　示　如需要给生成的测量值添加前缀或后缀，可在测量值前后输入前缀或后缀；若想要编辑或替换生成的测量值，可先删除测量值，再输入新的标注文字，完成后单击 确定 按钮。

◎ **标注倾斜方向的线性尺寸**

打开光盘中的"Ch06 > 素材 > 锥齿轮.dwg"文件，在锥齿轮上标注交点 A 与交点 B 在 45°方向上的投影距离，如图 6-24 所示。操作步骤如下：

命令: _dimlinear	//单击"线性"按钮
指定第一条尺寸界线原点或 <选择对象>:<对象捕捉 开>	//打开对象捕捉功能，选择交点 A
指定第二条尺寸界线原点:	//选择交点 B
指定尺寸线位置或	
[多行文字(M)/文字(T)/角度(A)/水平(H)/垂直(V)/旋转(R)]: R	//选择"旋转"选项
指定尺寸线的角度 <0>: 45	//输入倾斜方向的角度
指定尺寸线位置或	
[多行文字(M)/文字(T)/角度(A)/水平(H)/垂直(V)/旋转(R)]:	//选择尺寸线的位置
标注文字 = 128.69	

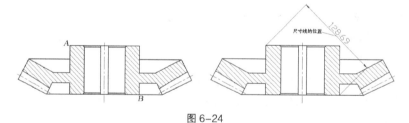

图 6-24

◎ **标注对齐尺寸**

对倾斜的对象进行标注时，可以使用"对齐"命令。对齐尺寸的特点是尺寸线平行于倾斜的标注对象。

启用命令的方法如下。

⊙ 工具栏："标注"工具栏中的"对齐"按钮。

⊙ 菜单命令："标注 > 对齐"。

⊙ 命 令 行：dimaligned。

打开光盘中的"Ch06 > 素材 > 锥齿轮.dwg"文件，标注锥齿轮的齿宽，如图 6-25 所示。操作步骤如下：

命令: _dimaligned	//单击"对齐"按钮
指定第一条尺寸界线原点或 <选择对象>:<对象捕捉 开>	//打开对象捕捉功能，选择交点 A
指定第二条尺寸界线原点:	//选择交点 B
指定尺寸线位置或[多行文字(M)/文字(T)/角度(A)]:	//选择尺寸线的位置
标注文字 = 50.08	

此外，还可以直接选择线段 *AB* 来进行标注。

命令: _dimaligned	//单击"对齐"按钮
指定第一条尺寸界线原点或 <选择对象>:	//按 Enter 键
选择标注对象:	//选择线段 *AB*
指定尺寸线位置或[多行文字(M)/文字(T)/角度(A)]:	//选择尺寸线的位置
标注文字 = 50.08	

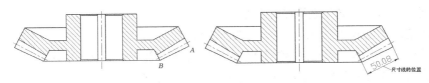

图 6-25

利用"对齐"命令标注图形尺寸，命令提示窗口的提示选项的含义与前面在"线性"命令中所介绍的选项含义相同。

4. 快速标注

利用"快速标注"命令，可以快速创建或编辑基线标注和连续标注，或为圆或圆弧创建标注。用户可以一次选择多个对象，AutoCAD 将自动完成所选对象的标注。

启用命令的方法如下。

⊙ 工 具 栏："标注"工具栏中的"快速标注"按钮。

⊙ 菜单命令："标注 > 快速标注"。

⊙ 命 令 行：qdim。

打开光盘中的"Ch06 > 素材 > 传动轴.dwg"文件，使用"快速标注"命令可一次标注多个对象，如图 6-26 所示。其操作步骤如下:

命令: _qdim	//单击"快速标注"按钮
关联标注优先级 = 端点	
选择要标注的几何图形: 找到 1 个	//选择线段 *AG*
选择要标注的几何图形: 找到 1 个, 总计 2 个	//选择线段 *BH*
选择要标注的几何图形: 找到 1 个, 总计 3 个	//选择线段 *CI*
选择要标注的几何图形: 找到 1 个, 总计 4 个	//选择线段 *DJ*
选择要标注的几何图形: 找到 1 个, 总计 5 个	//选择线段 *EK*
选择要标注的几何图形: 找到 1 个, 总计 6 个	//选择线段 *FL*
选择要标注的几何图形:	//按 Enter 键
指定尺寸线位置或	
[连续(C)/并列(S)/基线(B)/坐标(O)/半径(R)/直径(D)/基准点(P)/编辑(E)/设置(T)] <连续>:	
	//选择尺寸线的位置

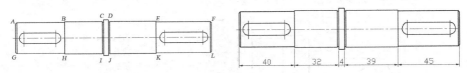

图 6-26

提示选项说明如下。

- ⊙ 连续(C)：用于创建连续标注。
- ⊙ 并列(S)：用于创建一系列并列标注。
- ⊙ 基线(B)：用于创建一系列基线标注。
- ⊙ 坐标(O)：用于创建一系列坐标标注。
- ⊙ 半径(R)：用于创建一系列半径标注。
- ⊙ 直径(D)：用于创建一系列直径标注。
- ⊙ 基准点(P)：为基线和坐标标注设置新的基准点。
- ⊙ 编辑(E)：用于显示所有的标注节点，可以在现有标注中添加或删除点。
- ⊙ 设置(T)：为指定尺寸界线原点设置默认对象捕捉方式。

5. 编辑标注尺寸

用户可以单独修改图形中现有标注对象的各个部分，也可以利用标注样式修改图形中现有标注对象的所有部分。下面将详细介绍如何单独修改图形中现有的标注对象。

◎ 拉伸尺寸标注

利用夹点调整标注的位置适合于移动标注的尺寸线和标注文字。通过移动选中标注后所示的夹点，可以调整标注的标注文字、尺寸线的位置，或改变尺寸界限的长度。

移动不同位置的夹点时，尺寸标注有不同的效果。

拖动标注文字上的节点或尺寸线与尺寸界线的交点时，尺寸线与标注文字位置会发生变化，尺寸界线的长度也会发生变化，如图 6-27 所示。

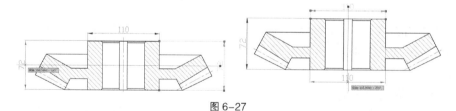

图 6-27

拖动尺寸界线的端点时，尺寸界线的长度会发生变化，尺寸线及标注文字不会发生变化，如图 6-28 所示。

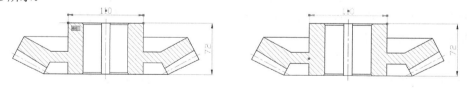

图 6-28

若想单独使标注文字的位置发生变化，可在选中尺寸标注后，单击鼠标右键，在弹出的快捷菜单中选择"标注文字位置 > 单独移动文字"命令，如图 6-29 所示。

图 6-29

文字将随着光标进行移动，单击确定文字的位置，如图 6-30 所示。

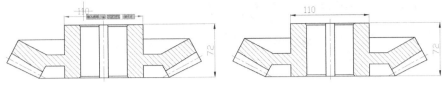

图 6-30

注　意　可以使用"分解"命令 将标注的几部分分解，然后单独进行修改。每个部分属于单独的图形或文字对象。

◎ **倾斜尺寸标注**

在默认的情况下，尺寸界线与尺寸线相垂直，文字水平放置在尺寸线上。如果在图形中进行标注时，尺寸界线与图形中其他对象发生冲突，可以使用"倾斜"命令，将尺寸界线倾斜放置。

选择"标注 > 倾斜"命令，光标变为拾取框，选择需要设置倾斜的标注，在命令提示窗口中输入要倾斜的角度，按 Enter 键确定，效果如图 6-31 所示。操作步骤如下：

命令: _dimedit　　　　　　　　　　　　　　　　　　　　//选择倾斜菜单命令

输入标注编辑类型 [默认(H)/新建(N)/旋转(R)/倾斜(O)] <默认>: _o

选择对象: 找到 1 个　　　　　　　　　　　　　　　　　//单击选择需要倾斜的标注

选择对象:　　　　　　　　　　　　　　　　　　　　　　//按 Enter 键

输入倾斜角度 (按 ENTER 表示无): 30　　　　　　　　　//输入倾斜的角度值

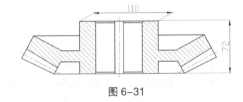

图 6-31

提　示　可以在"标注"工具栏中单击"编辑标注"按钮 ，并在命令提示窗口中指定需要的命令进行倾斜设置。

提示选项说明如下。

⊙ 默认(H)：将选中的标注文字移回到由标注样式指定的默认位置和旋转角。

⊙ 新建(N)：可以打开"多行文字编辑器"对话框，编辑标注文字。

⊙ 旋转(R)：用于旋转标注文字。

⊙ 倾斜(O)：用于调整线性标注尺寸界线的倾斜角度。

◎ **编辑标注文字**

进行尺寸标注之后，标注的文字是系统测量值，有时候需要对齐进行编辑以符合标准。

对标注文字进行编辑，可以使用以下两种方法。

⊙ 使用"多行文字编辑器"对话框进行编辑。

选择"修改 > 对象 > 文字 > 编辑"命令，选中需要修改的尺寸标注，系统将打开"多行文字编辑器"。淡蓝色文本表示当前的标注文字，用户可以修改或添加其他字符，如图 6-32 所示。

单击 确定 按钮，修改后的效果如图 6-33 所示。

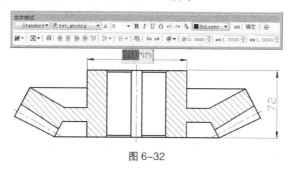

图 6-32

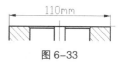

图 6-33

⊙ 使用"特性"对话框进行编辑

选择"工具 > 选项板 > 特性"命令，打开"特性"对话框，选择需要修改的标注，并拖曳对话框中的滑块到文字特性控制区域，单击激活"文字替代"文本框，输入需要替代的文字，如图 6-34 所示。按 Enter 键确认，按 Esc 键退出标注的选择状态，标注的修改效果如图 6-35 所示。

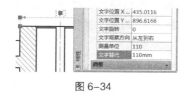

图 6-34

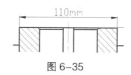

图 6-35

 技 巧　若想将标注文字的样式还原为实际测量值，可直接删除在"文字替代"文本框中输入的文字。

◎ **编辑标注特性**

使用"特性"对话框，还可以编辑尺寸标注各部分的属性。

选择需要修改的标注，在"特性"对话框中会显示出所选标注的属性信息，如图 6-36 所示。可以拖动滑块到需要编辑的对象，激活相应的选项进行修改，修改后按 Enter 键确认。

6. 创建角度尺寸

角度尺寸标注用于标注 2 条直线之间的夹角、3 点之间的角度以及圆弧的角度。AutoCAD 提供了"角度"命令来创建角度尺寸标注。

启用命令的方法如下。

⊙ 工具栏："标注"工具栏中的"角度"按钮。

⊙ 菜单命令："标注 > 角度"。

⊙ 命令行：DIMANGULAR。

◎ **标注两条直线之间的夹角**

启用"角度"命令后，依次选择两条直线，然后选择尺寸线的位置，即可标注两条直线之间的夹角。AutoCAD 将根据尺寸线的位置来确定其夹角是锐角还是钝角。

打开光盘中的"Ch06> 素材 > 锥齿轮.dwg"文件，标注锥齿轮的锥角，如图 6-37 所示。操作步骤如下：

图 6-36

命令: _dimangular　　　　　　　　　　　　//单击"角度"按钮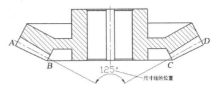

选择圆弧、圆、直线或 <指定顶点>:　　　　　//选择线段 AB

选择第二条直线:　　　　　　　　　　　　//选择线段 CD

指定标注弧线位置或 [多行文字(M)/文字(T)/角度(A) /象限点(Q)]: //选择尺寸线的位置

标注文字 = 125

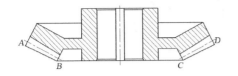

图 6-37

选择不同的尺寸线位置将产生不一样的角度尺寸，如图 6-38 所示。

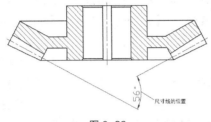

图 6-38

◎ **标注 3 点之间的角度**

启用"角度"命令，按 Enter 键，然后依次选择顶点和 2 个端点，即可标注 3 点之间的角度。

在 A 点处标注 A、B、C 三点之间的角度，如图 6-39 所示。操作步骤如下：

命令: _dimangular　　　　　　　　　　　　//单击"角度"按钮

选择圆弧、圆、直线或 <指定顶点>:　　　　　//按 Enter 键

指定角的顶点: <对象捕捉 开>　　　　　　　//打开对象捕捉开关，选择顶点 A

指定角的第一个端点:　　　　　　　　　　//选择顶点 B

指定角的第二个端点:　　　　　　　　　　//选择顶点 C

指定标注弧线位置或 [多行文字(M)/文字(T)/角度(A) /象限点(Q)]: //选择尺寸线的位置

标注文字 = 60

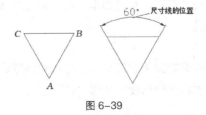

图 6-39

◎ **标注圆弧的包含角度**

启用"角度"命令，然后选择圆弧，即可标注该圆弧的包含角度。

打开光盘中的"Ch06 > 素材 > 凸轮.dwg"文件，标注凸轮 AB 段圆弧的包含角度，即凸轮的角度，如图 6-40 所示。操作步骤如下：

命令: _dimangular　　　　　　　　　　　　//单击"角度"按钮

选择圆弧、圆、直线或 <指定顶点>:   //选择圆弧 *AB*

指定标注弧线位置或 [多行文字(M)/文字(T)/角度(A)/象限点(Q)]: //选择尺寸线的位置

标注文字 = 120

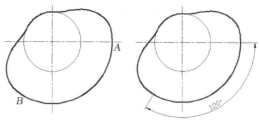

图 6-40

◎ **标注圆上某段圆弧的包含角度**

启用"角度"命令，依次选择圆上某段圆弧的起点与终点，即可标注该圆弧的包含角度。

打开光盘中的"Ch06 > 素材 > 凸轮.dwg"文件，标注凸轮 *AB* 段圆弧的包含角度，即凸轮的近休角度，如图 6-41 所示。操作步骤如下：

命令: _dimangular   //单击"角度"按钮⚟

选择圆弧、圆、直线或 <指定顶点>:   //选择圆上的 *A* 点

指定角的第二个端点: //选择圆上的 *B* 点

指定标注弧线位置或 [多行文字(M)/文字(T)/角度(A)/象限点(Q)]: //选择尺寸线的位置

标注文字 = 60

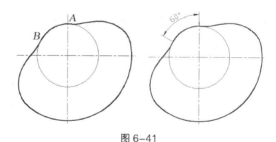

图 6-41

7. 创建径向尺寸

径向尺寸包括直径和半径尺寸标注。直径和半径尺寸标注是 AutoCAD 2010 提供用于测量圆和圆弧的直径或半径长度的工具。

◎ **标注直径尺寸**

直径标注是由一条具有指向圆或圆弧的箭头的直径尺寸线组成。测量圆或圆弧直径时，自动生成的标注文字前将显示一个表示直径长度的字母"Ø"。

启用命令的方法如下。

⦿ 工 具 栏："标注"工具栏中的"直径"按钮◎。

⦿ 菜单命令："标注 > 直径"。

⦿ 命 令 行：dimdiameter。

打开光盘中的"Ch06 > 素材 > 连杆.dwg"文件，标注连杆圆孔的直径大小，如图 6-42 所示。操作步骤如下：

命令: _dimdiameter　　　　　　　　　　　//单击"直径"按钮 🔘

选择圆弧或圆:　　　　　　　　　　　　//选择圆 A

标注文字 = 25

指定尺寸线位置或 [多行文字(M)/文字(T)/角度(A)]:　//选择尺寸线的位置

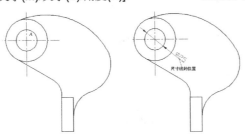

图 6-42

选择"格式 > 标注样式"命令，弹出"标注样式管理器"对话框。单击 修改(M)... 按钮，弹出"修改标注样式"对话框；单击"文字"选项卡，选择"文字对齐"选项组中的"ISO 标准"单选项，如图 6-43 所示。单击 确定 按钮，返回"标注样式管理器"对话框。单击 关闭 按钮，即可修改标注的形式，如图 6-44 所示。

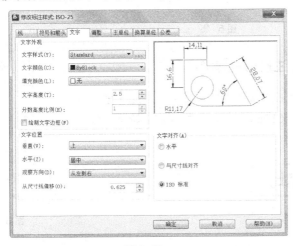

图 6-43

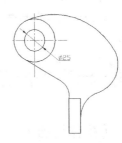

图 6-44

◎ 标注半径尺寸

半径标注是由一条具有指向圆或圆弧的箭头的半径尺寸线组成。测量圆或圆弧半径时，自动生成的标注文字前将显示一个表示半径长度的字母"R"。

启用命令的方法如下。

⊙ 工 具 栏："标注"工具栏中的"半径"按钮 🔘。

⊙ 菜单命令："标注 > 半径"。

⊙ 命 令 行：dimradius。

打开光盘中的"Ch06 > 素材 > 连杆.dwg"文件，标注连杆的外形尺寸，如图 6-45 所示。操作步骤如下：

命令: _dimradius　　　　　　　　　　　//单击"半径"按钮 🔘

选择圆弧或圆:　　　　　　　　　　　　//选择圆弧 AB

标注文字 = 30

指定尺寸线位置或 [多行文字(M)/文字(T)/角度(A)]:   //在圆弧内侧单击确定尺寸线的位置

命令: _dimradius   //单击"半径"按钮

选择圆弧或圆: //选择圆弧 BC

标注文字 = 35

指定尺寸线位置或 [多行文字(M)/文字(T)/角度(A)]:   //在圆弧外侧单击确定尺寸线的位置

命令: _dimradius   //单击"半径"按钮

选择圆弧或圆: //选择圆弧 CD

标注文字 = 85

指定尺寸线位置或 [多行文字(M)/文字(T)/角度(A)]:   //在圆弧内侧单击确定尺寸线的位置

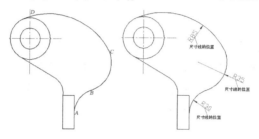

图 6-45

6.1.4 【实战演练】——标注皮带轮零件

利用"线性"工具、"角度"工具和"多行文字"工具进行尺寸标注。(最终效果参看光盘中的"Ch06 > 效果 > 标注皮带轮零件",见图 6-46。)

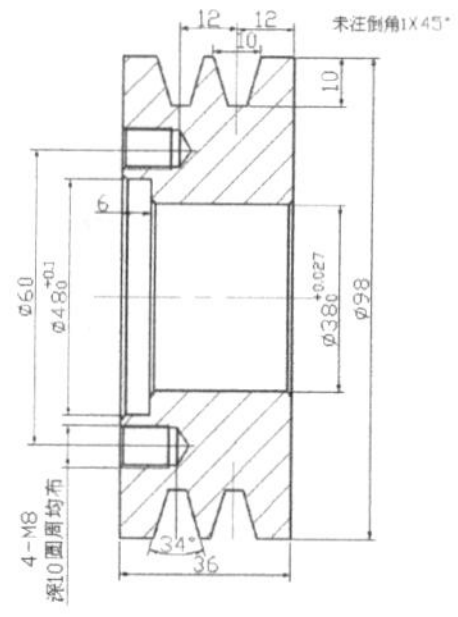

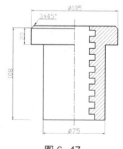

图 6-46

6.2 标注千斤顶螺母

6.2.1 【操作目的】

使用"线性"命令和"引线"命令标注千斤顶螺母。(最终效果参看光盘中的"Ch06 > 效果 > 标注千斤顶螺母",见图 6-47。)

6.2.2 【操作步骤】

步骤 1 打开图形文件。选择"文件 > 打开"命令,打开光盘中的"Ch06 > 素材 > 千斤顶螺母"文件,如图 6-48 所示。

步骤 2 设置图层。选择"格式 > 图层"命令,弹出"图层特性管理器"对话框。选择"DIM"图层,单击"置为当前"按钮,设置"DIM"图层为当前图层,单击关闭按钮。

步骤 3 设置标注样式。选择"样式"工具栏上的"标注样式"命令,弹出"标注样式管理器"对话框。单击 新建(N)... 按钮,弹出"创建新标注样式"对话框,输入新的尺寸样式的名称"DIM"。单击 继续 按钮,弹出"新建标注样式:DIM"对话框,单击"主单位"选

图 6-47

项卡，设置如图 6-49 所示。

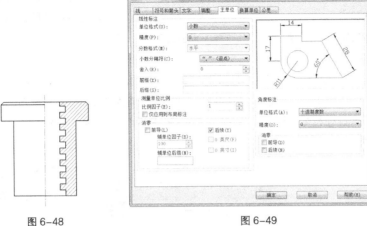

图 6-48　　　　　　　　　　　　图 6-49

步骤 4　单击"文字"选项卡，设置如图 6-50 所示，单击 确定 按钮。返回"标注样式管理器"对话框。在对话框的"样式"列表内，选择"DIM"选项，如图 6-51 所示。单击 置为当前(U) 按钮，单击 关闭 按钮，即可将刚创建的标注样式"DIM"设置为当前标注样式。

图 6-50

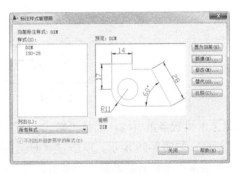

图 6-51

步骤 5　标注线性尺寸。选择"线性"命令 ⊢，标注千斤顶螺母上方的尺寸，如图 6-52 所示。用相同的方法标注其他尺寸，如图 6-53 所示。操作步骤如下：

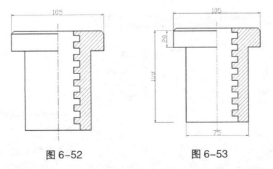

图 6-52　　　　　　　图 6-53

命令: _dimlinear　　　　　　　　　　　　　　//选择线性命令 ⊢

指定第一条尺寸界线原点或 <选择对象>:　　　　　//单击上方左侧的节点

指定第二条尺寸界线原点:　　　　　　　　　　　//单击上方右侧的节点

指定尺寸线位置或　　　　　　　　　　　　　　　//向上移动鼠标，单击确定尺寸线位置

[多行文字(M)/文字(T)/角度(A)/水平(H)/垂直(V)/旋转(R)]:

标注文字 =105

步骤 6 输入直径符号 Ø。选取需要的标注，如图 6-54 所示。选择"修改 > 对象 > 文字 > 编辑"命令，在弹出的"文字输入"框的数字"105"前输入"%%C"，如图 6-55 所示，单击 确定 按钮即可输入直径符号 Ø，图形效果如图 6-56 所示。用相同的方法输入下方的直径符号，如图 6-57 所示。

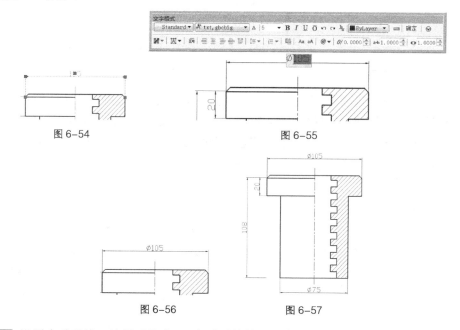

图 6-54　　　　　　　　　　　　　图 6-55

图 6-56　　　　　　　　　　　　　图 6-57

步骤 7 设置多重引线。选择"格式 > 多重引线格式"命令，弹出"多重引线样式管理器"对话框，如图 6-58 所示。单击 新建(N)... 按钮，弹出"创建新多重引线样式"对话框，输入新的多重引线样式的名称"引线标注"，如图 6-59 所示。单击 继续(O) 按钮，弹出"修改多重引线样式：引线标注"对话框，在"内容"选项卡里的设置如图 6-60 所示，单击 确定 按钮，返回"多重引线样式管理器"对话框。将"引线标注"选项置为当前引线样式，如图 6-61 所示，单击 关闭 按钮。

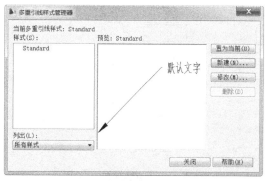

图 6-58　　　　　　　　　　　　　　　　　　图 6-59

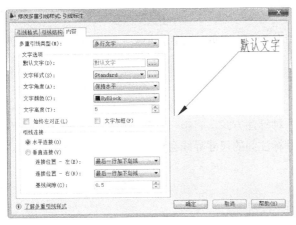

图 6-60

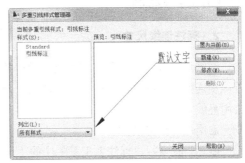

图 6-61

步骤 **8** 选择"标注 > 多重引线"命令，对倒角进行标注，图形效果如图 6-63 所示。千斤顶螺母标注完成。

命令：_mleader

指定引线箭头的位置或 [引线基线优先(L)/内容优先(C)/选项(O)] <选项>：

//打开对象捕捉开关，捕捉端点 A

指定下一点： <正交 关> //捕捉端点 B

指定引线基线的位置： //在弹出的"文字输入"框中输入"3×45%%D"，如图 6-62 所示，单击"文字格式"对话框中的 确定 按钮，完成引线标注。

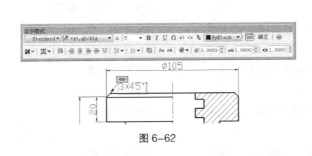

图 6-62

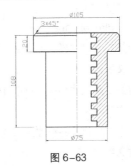

图 6-63

6.2.3 【相关工具】

1. 创建弧长尺寸

弧长标注用于测量圆弧或多段线弧线段上的距离。

启用命令的方法如下。

⊙ 工 具 栏："标注"工具栏中的"弧长"按钮 。

⊙ 菜单命令："标注 > 弧长"。

⊙ 命 令 行：dimarc。

选择"标注 > 弧长"命令，光标变为拾取框。选择圆弧对象后，系统会自动生成弧长标注，用户只需移动鼠标确定尺寸线的位置即可，如图 6-64 所示。操作步骤如下：

命令：_dimarc //选择弧长命令

选择弧线段或多段线弧线段：   //单击选择圆弧

指定弧长标注位置或 [多行文字(M)/文字(T)/角度(A)/部分(P)/]：   //移动鼠标，单击确定尺寸线的位置

标注文字 = 40.49

2. 标注连续尺寸

连续尺寸标注是工程制图中比较常用的一种标注方式，它指一系列首尾相连的尺寸标注。其中，相邻的两个尺寸标注间的尺寸界线会作为公用界线。

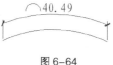

图 6-64

启用命令的方法如下。

⊙ 工 具 栏："标注"工具栏中的"连续"按钮 。

⊙ 菜 单 命 令："标注 > 连续"。

⊙ 命 令 行：dimcontinue。

打开光盘中的"Ch06> 素材 > 传动轴.dwg"文件，标注传动轴各段的长度，如图 6-65 所示。操作步骤如下：

命令: _dimlinear   //单击"线性"按钮

指定第一条尺寸界线原点或 <选择对象>:<对象捕捉 开>   //打开对象捕捉开关，选择交点 A

指定第二条尺寸界线原点：   //选择交点 B

指定尺寸线位置或   //选择尺寸线的位置

[多行文字(M)/文字(T)/角度(A)/水平(H)/垂直(V)/旋转(R)]:

标注文字 = 40

命令: _dimcontinue   //单击"连续"按钮

指定第二条尺寸界线原点或 [放弃(U)/选择(S)] <选择>:   //选择交点 C

标注文字 = 32

指定第二条尺寸界线原点或 [放弃(U)/选择(S)] <选择>:   //选择交点 D

标注文字 = 4

指定第二条尺寸界线原点或 [放弃(U)/选择(S)] <选择>:   //选择交点 E

标注文字 = 39

指定第二条尺寸界线原点或 [放弃(U)/选择(S)] <选择>:   //选择交点 F

标注文字 = 45

指定第二条尺寸界线原点或 [放弃(U)/选择(S)] <选择>:   //按 Enter 键

选择连续标注：   //按 Enter 键

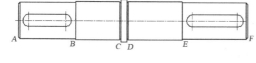 

图 6-65

提示选项说明如下。

⊙ 指定第二条尺寸界线原点：用于选择连续标注的第二条尺寸界线。

⊙ 放弃（U）：用于放弃命令操作。

⊙ 选择（S）：用于选择连续标注的第一条尺寸界线。默认情况下，AutoCAD 会自动将最后

创建的尺寸标注的第二条尺寸界线作为连续标注的第一条尺寸界线。

3. 标注基线尺寸

基线型尺寸标注是指所有的尺寸都从同一点开始标注，它们会将基本尺寸标注中起始点处的尺寸界线作为公用尺寸线。

启用命令的方法如下。

⊙ 工 具 栏："标注"工具栏中的"基线"按钮。

⊙ 菜单命令："标注 > 基线"。

⊙ 命 令 行：dimbaseline。

打开光盘中的"Ch06 > 素材 > 传动轴.dwg"文件，标注传动轴各段的长度，如图 6-66 所示。

操作步骤如下：

命令：_dimlinear	//单击"线性"按钮
指定第一条尺寸界线原点或 <选择对象>:<对象捕捉 开>	//打开对象捕捉开关，选择交点 A
指定第二条尺寸界线原点：	//选择交点 B
指定尺寸线位置或	//选择尺寸线的位置
[多行文字(M)/文字(T)/角度(A)/水平(H)/垂直(V)/旋转(R)]：	
标注文字 = 40	
命令：_dimbaseline	//单击"基线"按钮
指定第二条尺寸界线原点或 [放弃(U)/选择(S)] <选择>：	//选择交点 C
标注文字 = 72	
指定第二条尺寸界线原点或 [放弃(U)/选择(S)] <选择>：	//选择交点 D
标注文字 = 76	
指定第二条尺寸界线原点或 [放弃(U)/选择(S)] <选择>：	//选择交点 E
标注文字 = 115	
指定第二条尺寸界线原点或 [放弃(U)/选择(S)] <选择>：	//选择交点 F
标注文字 = 160	
指定第二条尺寸界线原点或 [放弃(U)/选择(S)] <选择>：	//按 Enter 键
选择基准标注：	//按 Enter 键

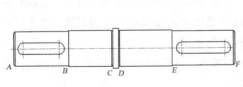
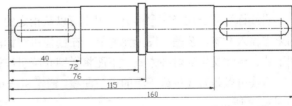

图 6-66

提示选项说明如下。

⊙ 指定第二条尺寸界线原点：用于选择基线标注的第二条尺寸界线。

⊙ 放弃（U）：用于放弃命令操作。

⊙ 选择（S）：用于选择基线标注的第一条尺寸界线。默认情况下，AutoCAD 会自动将最后创建的尺寸标注的第一条尺寸界线作为基线标注的第一条尺寸界线。例如，选择 B 点处的尺寸界线作为基准线，则标注的图形如图 6-67 所示。操作步骤如下：

命令: _dimlinear   //单击"线性"按钮

指定第一条尺寸界线原点或 <选择对象>:<对象捕捉 开>   //打开对象捕捉开关，选择交点 *A*

指定第二条尺寸界线原点：   //选择交点 *B*

指定尺寸线位置或   //选择尺寸线的位置

[多行文字(M)/文字(T)/角度(A)/水平(H)/垂直(V)/旋转(R)]：

标注文字 = 40

命令: _dimbaseline   //单击"基线"按钮

指定第二条尺寸界线原点或 [放弃(U)/选择(S)] <选择>: s   //选择"选择"选项

选择基准标注：   //选择 *B* 点处的尺寸界线

指定第二条尺寸界线原点或 [放弃(U)/选择(S)] <选择>：   //选择交点 *C*

标注文字 = 32

指定第二条尺寸界线原点或 [放弃(U)/选择(S)] <选择>：   //选择交点 *D*

标注文字 = 36

指定第二条尺寸界线原点或 [放弃(U)/选择(S)] <选择>：   //选择交点 *E*

标注文字 = 75

指定第二条尺寸界线原点或 [放弃(U)/选择(S)] <选择>：   //选择交点 *F*

标注文字 = 120

指定第二条尺寸界线原点或 [放弃(U)/选择(S)] <选择>：   //按 Enter 键

选择基准标注：   //按 Enter 键

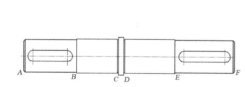
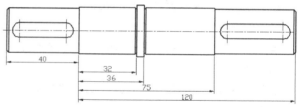

图 6-67

4. 创建引线标注

引线标注用于注释对象信息。用户可以从指定的位置绘制出一条引线来标注对象，并在引线的末端输入文本、公差、图形元素等。在创建引线标注的过程中可以控制引线的形式、箭头的外观形式、标注文字的对齐方式。下面将详细介绍引线标注的使用。

引线可以是直线段或平滑的样条曲线。通常引线是由箭头、直线和一些注释文字组成的标注，如图 6-68 所示。

AutoCAD 提供的"引线"命令可用于创建引线标注。

启用命令的方法如下。

⊙ 命令行：qleader。

打开光盘中的"Ch06 > 素材 > 传动轴.dwg"文件，对轴端的倒角进行标注，如图 6-69 所示。操作步骤如下：

命令: qleader   //在命令行输入"qleader"

指定第一个引线点或 [设置(S)] <设置>:<对象捕捉 开>	//打开对象捕捉开关，选择 *A* 点
指定下一点:	//在 *B* 点单击
指定下一点: <正交 开>	//打开正交开关，选择 *C* 点
指定文字宽度 <0.0000>:	//按 Enter 键
输入注释文字的第一行 <多行文字(M)>: 1X45%%d	//输入倒角尺寸
输入注释文字的下一行:	//按 Enter 键

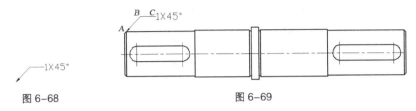

图 6-68   图 6-69

提示选项说明如下。

⊙ 设置(S)：输入字母"S"，按 Enter 键，弹出"引线设置"对话框，如图 6-70 所示。在该对话框中可以设置引线和引线注释的特性。

图 6-70

"引线设置"对话框中各选项的功能如下。

"引线设置"对话框包括 3 个选项卡："注释"、"引线和箭头"和"附着"。

"注释"选项卡用于设置引线注释类型，指定多行文字选项，并指明是否需要重复使用注释，如图 6-70 所示。

在"注释类型"选项组中，可以设置引线注释类型，并改变引线注释提示。

⊙ "多行文字"单选项：用于提示创建多行文字注释。

⊙ "复制对象"单选项：用于提示复制多行文字、单行文字、公差或块参照对象。

⊙ "公差"单选项：用于显示"公差"对话框，可以创建将要附着到引线上的特征控制框。

⊙ "块参照"单选项：用于插入块参照。

⊙ "无"单选项：用于创建无注释的引线标注。

在"多行文字选项"选项组中，可以设置多行文字选项。选定了多行文字注释类型时该选项才可用。

⊙ "提示输入宽度"复选框：用于指定多行文字注释的宽度。

⊙ "始终左对齐"复选框：设置引线位置无论在何处，多行文字注释都将靠左对齐。

⊙ "文字边框"复选框：用于在多行文字注释周围放置边框。

在"重复使用注释"选项组中，可以设置重新使用引线注释的选项。

⊙ "无"单选项：用于设置为不重复使用引线注释。

⊙ "重复使用下一个"单选项：用于重复使用为后续引线创建的下一个注释。

⊙ "重复使用当前"单选项：用于重复使用当前注释。选择"重复使用下一个"单选项之后重复使用注释时，AutoCAD 将自动选择此选项。

"引线和箭头"选项卡用于设置引线和箭头的格式，如图 6-71 所示。

图 6-71

在"引线"选项组中，可以设置引线格式。

⊙ "直线"单选项：用于设置在指定点之间创建直线段。

⊙ "样条曲线"单选项：用于设置将指定的引线点作为控制点来创建样条曲线对象。

在"箭头"选项组中，可以在下拉列表中选择适当的箭头类型，这些箭头与尺寸线中的可用箭头一样。

在"点数"选项组中，可以设置确定引线形状控制点的数量。

⊙ "无限制"复选框：选择"无限制"复选框，系统将一直提示指定引线点，直到按 Enter 键结束。

⊙ "点数"数值框：设置为比要创建的引线段数目大 1 的数。

在"角度约束"选项组中，可以设置第一段与第二段引线以固定的角度进行约束。

⊙ "第一段"下拉列表：用于选择设置第一段引线的角度。

⊙ "第二段"下拉列表：用于选择设置第二段引线的角度。

在"附着"选项卡中，可以设置引线和多行文字注释的附着位置。只有在"注释"选项卡上选定"多行文字"时，此选项卡才可用，如图 6-72 所示。

在"多行文字附着"选项组中，每个选项的文字有"文字在左边"和"文字在右边"两种方式可供选择，用于设置文字附着的位置，如图 6-73 所示。

图 6-72

图 6-73

⊙ "第一行顶部"单选项：将引线附着到多行文字的第一行顶部。

⊙ "第一行中间"单选项：将引线附着到多行文字的第一行中间。

⊙ "多行文字中间"单选项：将引线附着到多行文字的中间。

⊙ "最后一行中间"单选项：将引线附着到多行文字的最后一行中间。

⊙ "最后一行底部"单选项：将引线附着到多行文字的最后一行底部。

⊙ "最后一行加下划线"复选框：用于给多行文字的最后一行加下划线。

5. 创建圆心标记

圆心标记可以使系统自动将圆或圆弧的圆心标记出来，标记的大小可以在"标注样式管理器"对话框中进行修改。

启用命令的方法如下。

⊙ 工 具 栏："标注"工具栏中的"圆心标记"按钮⊕。

⊙ 菜 单 命 令："标注 > 圆心标记"。

⊙ 命 令 行：dimcenter。

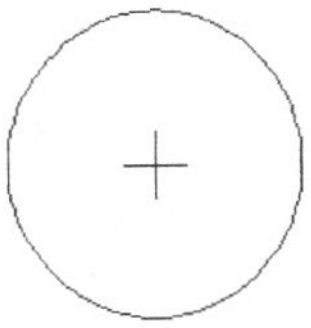

选择"标注 > 圆心标记"命令，光标变为拾取框，单击需要添加圆心标记的图形即可，圆心标记的效果如图 6-74 所示。操作步骤如下：

图 6-74

命令：_dimcenter   //选择圆心标记命令⊕

选择圆弧或圆：   //单击选择圆

6. 创建公差标注

公差标注包括尺寸公差标注和形位公差标注。

◎ 标注尺寸公差

在使用公差标注图形时，可以使用替代标注样式的方法。打开"标注样式管理器"对话框，选择当前使用的标注样式，单击 替代(O)... 按钮，在弹出的"替代当前样式"对话框中设置公差标注样式，如图 6-75 所示。单击 确定 按钮，返回到"标注样式管理器"对话框，单击 关闭 按钮退出对话框。

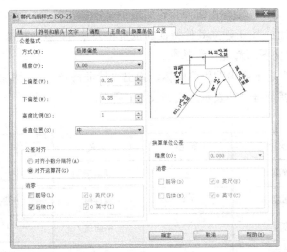

图 6-75

◎ **标注形位公差**

使用"公差"命令可以标注形位公差，它包括形状公差和位置公差。形位公差表示零件的形状、轮廓、方向、位置和跳动的允许偏差。在 AutoCAD 中，利用"公差"命令可以创建各种形位公差。

启用命令的方法如下。

⊙ 工 具 栏："标注"工具栏中的"公差"按钮 。

⊙ 菜单命令："标注 > 公差"。

⊙ 命 令 行：tolerance。

选择"标注 > 公差"命令，创建形位公差，操作步骤如下。

步骤 1 选择"公差"命令 ，弹出"形位公差"对话框，如图 6-76 所示。

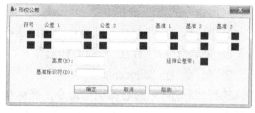

图 6-76

"形位公差"对话框中各选项的功能如下。

⊙ "符号"选项组：用于设置形位公差的几何特征符号。

⊙ "公差 1"选项组：用于在特征控制框中创建第一个公差值。该公差值指明了几何特征相对于精确形状的允许偏差量。另外，用户可在公差值前插入直径符号，在其后插入包容条件符号。

⊙ "公差 2"选项组：用于在特征控制框中创建第二个公差值。

⊙ "基准 1"选项组：用于在特征控制框中创建第一级基准参照。基准参照由值和修饰符号组成。基准是理论上精确的几何参照，用于建立特征的公差带。

⊙ "基准 2"选项组：用于在特征控制框中创建第二级基准参照。

⊙ "基准 3"选项组：用于在特征控制框中创建第三级基准参照。

⊙ "高度"选项：在特征控制框中创建投影公差带的值。投影公差带会控制固定垂直部分延伸区的高度变化，并以位置公差控制公差精度。

⊙ "延伸公差带"选项：在延伸公差值的后面插入延伸公差带符号 Ⓟ。

⊙ "基准标识符"选项：创建由参照字母组成的基准标识符号。基准是理论上精确的几何参照，用于建立其他特征的位置和公差带。点、直线、平面、圆柱或者其他几何图形都能作为基准。

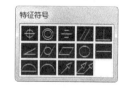

图 6-77

步骤 2 单击"符号"选项组中的黑色图标，弹出"特征符号"对话框，如图 6-77 所示。特征符号的表示意义如表 6-1 所示。

表 6-1

符号	意义	符号	意义	符号	意义
⊕	位置度	∠	倾斜度	⌒	面轮廓度
◎	同轴度	⌀	圆柱度	⌒	线轮廓度
〓	对称度	▱	平面度	↗	圆跳度
//	平行度	○	圆度	↗↗	全跳度
⊥	垂直度	——	直线度		

步骤 3 单击"特征符号"对话框中相应的符号图标，然后关闭"符号"对话框，系统会自动将用户选取的符号图标显示在"形位公差"对话框的"符号"选项组中。

步骤 4 单击"公差 1"选项组左侧的黑色图标可以添加直径符号，再次单击该图标则可以取消添加的直径符号。

步骤 5 在"公差 1"选项组的数值框中可以输入公差 1 的数值。若单击其右侧的黑色图标，会弹出"附加符号"对话框，如图 6-78 所示。附加符号的表示意义如表 6-2 所示。

图 6-78

表 6-2

符号	意义
Ⓜ	材料的一般中等状况
Ⓛ	材料的最大状况
Ⓢ	材料的最小状况

步骤 6 利用同样方法，可以设置"公差 2"选项组中的各项。

步骤 7 "基准 1"选项组用于设置形位公差的第一基准，本例在此处的文本框中输入形位公差的基准代号"A"。单击其右侧的黑色图标则显示"附加符号"对话框，从中可以选择相应的符号图标。

步骤 8 同样，用户可以设置形位公差的第二基准、第三基准。

步骤 9 在"高度"数值框中设置高度值。

步骤 10 单击"延伸公差带"右侧的黑色图标，可以插入投影公差带的符号图标Ⓟ。

步骤 11 在"基准标识符"文本框中可以添加一个基准值。

步骤 12 完成以上设置后，单击"形位公差"对话框的 确定 按钮，返回到绘图窗口。出现提示"输入公差位置:"时，在 A 点处单击确定公差的标注位置。完成后的形位公差如图 6-75 所示。

启用"公差"命令创建的形位公差不带引线，如图 6-79 所示。因此通常要启用"引线"命令来创建带引线的形位公差。

步骤 1 在命令行输入"QLEADER"命令，按 Enter 键，弹出"引线设置"对话框。在"注释类型"选项组中选择"公差"单选项，如图 6-80 所示。

步骤 2 单击 确定 按钮，关闭"引线设置"对话框。

步骤 3 在 A 点处单击确定引线，弹出"形位公差"对话框。然后设置形位公差的数值。完成后单击 确定 按钮，形位公差如图 6-81 所示。

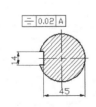

图 6-79

图 6-80

图 6-81

6.2.4 【实战演练】——标注阶梯轴零件图

设置标注样式，并利用"线性"按钮⊟、"基线"按钮⊟、"连续"按钮⊞、"多重引线"命令以及文字的"编辑"命令进行尺寸标注。（最终效果参看光盘中的"Ch06 > 效果 > 标注阶梯轴零件图"，见图6-82。）

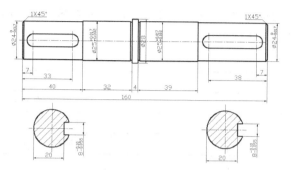

图 6-82

6.3 综合演练——标注拨叉零件图

运用"线性"按钮⊟、"圆心标记"按钮⊙、"半径"按钮◎、"对齐"命令以及"引线"命令标注拨叉零件图。（最终效果参看光盘中的"Ch06 > 效果 > 标注拨叉零件图"，见图6-83。）

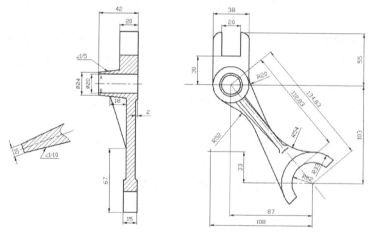

图 6-83

第7章 图块与外部参照

本章主要介绍块和动态块的创建、插入以及使用外部参照的方法。工程设计图中利用块可以重复调用相同或相似的图形，动态块提供了块的在位调整功能，利用外部参照可以共享设计数据。熟练掌握这些命令有利于团队合作进行并行设计，从而大大提高绘图速度和设计能力。

 课堂学习目标

- 块
- 动态块
- 外部参照

7.1 定义带属性的符号

7.1.1 【操作目的】

利用"块 > 定义属性"命令定义带属性的符号。（最终效果参看光盘中的"Ch07 > 效果 > 定义带属性的符号"，见图7-1。）

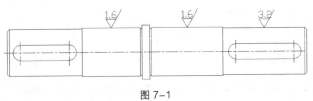

图7-1

7.1.2 【操作步骤】

步骤 1 选择"文件 > 打开"命令，打开光盘中的"Ch07 > 素材 > 表面粗糙度.dwg"文件，如图7-2所示。

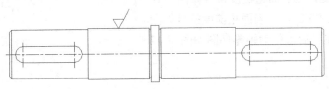

图7-2

步骤 2 选择"绘图 > 块 > 定义属性"命令，弹出"属性定义"对话框。在"属性"选项组的"标记"文本框中输入表面粗糙度参数值的标记"RA"，在"提示"文本框中输入提示文字"请输入表面粗糙度参数值"，在"默认"数值框中输入表面粗糙度参数值的默认值"1.6"，如图 7-3 所示。单击"属性定义"对话框中的 确定 按钮，在绘图窗口中选择属性的插入点，如图 7-4 所示。完成后的表面粗糙度符号如图 7-5 所示。

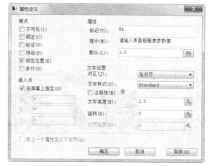

图 7-3

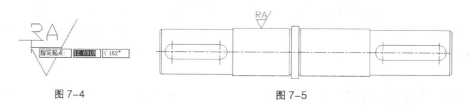

图 7-4　　　　　　　　　　　　　　图 7-5

步骤 3 选择"绘图 > 块 > 创建"命令，弹出"块定义"对话框，在"名称"文本框中输入块的名称"表面粗糙度"。单击"对象"选项组中的 按钮，在绘图窗口中选择表面粗糙度符号及其属性，然后单击鼠标右键确定。

步骤 4 单击"基点"选项组中的 按钮，在绘图窗口中选择 A 点作为图块的基点，如图 7-6 所示。单击"块定义"对话框中的 确定 按钮，弹出"编辑属性"对话框，如图 7-7 所示。单击 确定 按钮，完成后的表面粗糙度符号如图 7-8 所示。

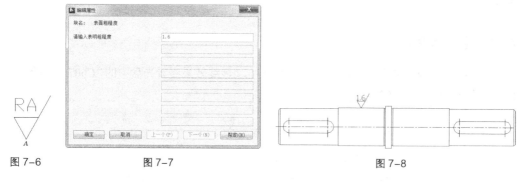

图 7-6　　　　　　　　图 7-7　　　　　　　　　　　　图 7-8

步骤 5 选择"插入 > 块"命令，弹出"插入"对话框，如图 7-9 所示。单击 确定 按钮，然后在绘图窗口中选择图块的插入位置。

步骤 6 在命令行输入表面粗糙度参数值的大小。表面粗糙度参数值的默认值为"1.6"，若直接按 Enter 键，则表面粗糙度符号如图 7-10 所示。若输入"3.2"，则表面粗糙度符号如图 7-11 所示。完成后，传动轴零件图如图 7-12 所示。

图 7-9

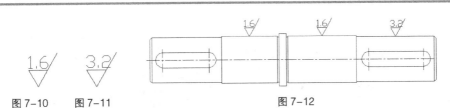

图 7-10　　图 7-11　　　　　　　　　　图 7-12

7.1.3　【相关工具】

1. 定义图块

AutoCAD 2010 提供了以下两种方法来创建图块。

⊙ 利用"块"命令创建图块。

利用"块"命令创建的图块将保存于当前的图形文件中，此时该图块只能应用到当前的图形文件，而不能应用到其他的图形文件，因此有一定的局限性。

⊙ 利用"写块"命令创建图块。

利用"写块"命令创建的图块将以图形文件格式（*.dwg）保存到用户的计算机硬盘。在应用图块时，用户需要指定该图块的图形文件名称，此时该图块可以应用到任意图形文件中。

◎ 利用"块"命令创建图块

启用命令的方法如下。

⊙ 工 具 栏："绘图"工具栏中的"创建块"按钮 。

⊙ 菜单命令："绘图 > 块 > 创建"。

⊙ 命 令 行：b（block）。

选择"绘图 > 块 > 创建"命令，弹出"块定义"对话框，如图 7-13 所示。在该对话框中对图形进行块的定义，然后单击 确定 按钮。

"块定义"对话框中各选项的功能如下。

⊙ "名称"列表框：用于输入或选择图块的名称。

"基点"选项组用于确定图块插入基点的位置。

⊙ "在屏幕上指定"复选框：在屏幕上指定块的基点。

⊙ "X"、"Y"、"Z"数值框：可以输入插入基点的 x、y、z 坐标。

⊙ "拾取点"按钮 ：在绘图窗口中选取插入基点的位置。

"对象"选项组用于选择构成图块的图形对象。

⊙ "选择对象"按钮 ：单击该按钮，即可在绘图窗口中选择构成图块的图形对象。

⊙ "快速选择"按钮 ：单击该按钮，打开"快速选择"对话框，即可通过该对话框进行快速过滤来选择满足条件的实体目标。

⊙ "保留"单选项：选择该选项，则在创建图块后，所选图形对象仍保留并且属性不变。

⊙ "转换为块"单选项：选择该选项，则在创建图块后，所选图形对象转换为图块。

⊙ "删除"单选项：选择该选项，则在创建图块后，所选图形对象将被删除。

"设置"选项组用于指定块的设置。

⊙ "块单位"单选项：指定块参照插入单位。

⊙ "超链接"按钮 超链接(L)... ：将某个超链接与块定义相关联，单击 超链接(L)... 按钮，弹出"插入超链接"对话框，如图 7-14 所示。通过列表或指定的路径，可以将超链接与块定义相关联。

图 7-13

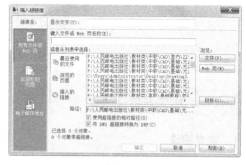

图 7-14

⊙ "按统一比例缩放"复选框：指定块参照是否按统一比例缩放。

⊙ "允许分解"复选框：指定块参照是否可以被分解。

⊙ "说明"文本框：用于输入图块的说明文字。

⊙ "在块编辑器中打开"复选框：用于在块编辑器中打开当前的块定义。

◎ **利用"写块"命令创建图块**

利用"块"命令创建的图块，只能在该图形文件内使用而不能应用于其他图形文件，因此有一定的局限性。若想在其他图形文件使用已创建的图块，则需利用"写块"命令创建图块，并将其保存到用户计算机的硬盘中。

启用命令的方法如下。

⊙ 命 令 行：wblock。

启用"写块"命令，操作步骤如下。

步骤 1 在命令提示窗口中输入"wblock"，按 Enter 键，弹出"写块"对话框，如图 7-15 所示。

"写块"对话框中各选项的功能如下。

"源"选项组用于选择图块和图形对象，将其保存为文件并为其指定插入点。

⊙ "块"单选项：用于从列表中选择要保存为图形文件的现有图块。

⊙ "整个图形"单选项：将当前图形作为一个图块，并作为一个图形文件保存。

⊙ "对象"单选项：用于从绘图窗口中选择构成图块的图形对象。

图 7-15

"基点"选项组用于确定图块插入基点的位置。

⊙ "X"、"Y"、"Z"数值框：可以输入插入基点的 x、y、z 坐标。

⊙ "拾取点"按钮：在绘图窗口中选取插入基点的位置。

"对象"选项组用于选择构成图块的图形对象。

⊙ "选择对象"按钮：单击该按钮，在绘图窗口中选择构成图块的图形对象。

⊙ "快速选择"按钮：单击该按钮，打开"快速选择"对话框，通过该对话框进行快速过滤来选择满足条件的实体目标。

⊙ "保留"单选项：选择该选项，则在创建图块后，所选图形对象仍保留并且属性不变。

⊙ "转换为块"单选项：选择该选项，则在创建图块后，所选图形对象转换为图块。

⊙ "从图形中删除"单选项：选择该选项，则在创建图块后，所选图形对象将被删除。

"目标"选项组用于指定图块文件的名称、位置和插入图块时使用的测量单位。

⊙ "文件名和路径"列表框：用于输入或选择图块文件的名称和保存位置。单击右侧的 ┈┈ 按钮，弹出"浏览图形文件"对话框，指定图块的保存位置，并指定图块的名称。

⊙ "插入单位"下拉列表：用于选择插入图块时使用的测量单位。

步骤 2　在"写块"对话框中对图块进行定义。

步骤 3　单击 ┈确定┈ 按钮，将图形存储到指定的位置，在绘图过程中需要时可随时调用它。

> **注　意**　利用"写块"命令创建的图块是 AutoCAD 2010 的一个 dwg 格式文件，属于外部文件，它不会保留原图形中未用的图层、线型等属性。

2. 图块属性

图块属性是附加在图块上的文字信息。在 AutoCAD 中经常会利用图块属性来预定义文字的位置、内容或默认值等。在插入图块时，输入不同的文字信息，可以使相同的图块表达不同的信息，如标高和索引符号就是利用图块属性设置的。

◎ **创建和应用图块属性**

定义带有属性的图块时，需要将作为图块的图形和标记图块属性的信息两个部分定义为图块。启用命令的方法如下。

⊙ 菜单命令："绘图 > 块 > 定义属性"。

⊙ 命 令 行：attdef。

选择"绘图 > 块 > 定义属性"命令，弹出"属性定义"对话框，如图 7-16 所示。从中可定义模式、属性标记、属性提示、属性值、插入点、属性的文字选项等。

"模式"选项组用于设置在图形中插入块时，与块关联的属性值选项。

⊙ "不可见"复选框：指定插入块时不显示或打印属性值。

⊙ "固定"复选框：在插入块时赋予属性固定值。

⊙ "验证"复选框：在插入块时，提示验证属性值是否正确。

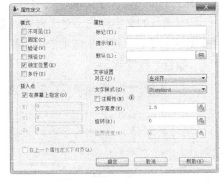

图 7-16

⊙ "预设"复选框：插入包含预置属性值的块时，将属性设置为默认值。

⊙ "锁定位置"复选框：锁定块参照中属性的位置。解锁后，属性可以相对于使用夹点编辑的块的其他部分移动，并且可以调整多行属性的大小。

⊙ "多行"复选框：指定属性值可以包含多行文字。选定此选项后，可指定属性的边界宽度。

"属性"选项组用于设置属性数据。

⊙ "标记"文本框：标识图形中每次出现的属性。

⊙ "提示"文本框：指定在插入包含该属性定义的块时显示的提示。

⊙ "默认"文本框：指定默认的属性值。

在"插入点"选项组中可以指定属性位置。用户可以输入坐标值，或者选择"在屏幕上指定"复选框，然后根据与属性关联的对象使用光标指定属性的位置。

在"文字设置"选项组中可以设置属性文字的对正、样式、高度和旋转。

⊙ "对正"下拉列表：用于指定属性文字的对正方式。

⊙ "文字样式"下拉列表：用于指定属性文字的预定义样式。

⊙ "注释性"复选框：如果块是注释性的，则属性将与块的方向相匹配。

⊙ "文字高度"文本框：可以指定属性文字的高度。

⊙ "旋转"文本框：可以使用光标来确定属性文字的旋转角度。

⊙ "边界宽度"文本框：指定多线属性中文字行的最大长度。

◎ **编辑图块属性**

创建带有属性的图块之后，可以对其属性进行编辑，如编辑属性标记、提示等。

启用命令的方法如下。

⊙ 工具栏："修改Ⅱ"工具栏上的"编辑属性"按钮。

⊙ 菜单命令："修改 > 对象 > 属性 > 单个"。

编辑图块属性的操作方法如下。

图 7-17

步骤 1 选择"修改 > 对象 > 属性 > 单个"命令，单击带有属性的图块，弹出"增强属性编辑器"对话框，如图 7-17 所示。

步骤 2 在"属性"选项卡中显示图块的属性，如标记、提示和默认值，此时用户可以在"值"数值框中修改图块属性的默认值。

步骤 3 单击"文字选项"选项卡，如图 7-18 所示，在其中可以设置属性文字在图形中的显示方式，如文字样式、对正方式、文字高度、旋转角度等。

步骤 4 单击"特性"选项卡，如图 7-19 所示，在其中可以定义图块属性所在的图层以及线型、颜色、线宽等。

图 7-18

图 7-19

步骤 5 设置完成后单击 按钮，修改图块属性。若单击 确定 按钮，可修改图块属性，并关闭对话框。

◎ **修改图块的属性值**

创建带有属性的块，要指定一个属性值。如果这个属性不符合需要，可以在图块中对属性值进行修改。修改图块的属性值时，要使用"编辑属性"命令。

启用命令的方法如下。

⊙ 命令行：attedit。

在命令提示窗口中输入"attedit"，启用"编辑属性"命令，光标变为拾取框。单击要修改属性的图块，弹出"编辑属性"对话框，如图 7-20 所示。在"请输入标高值"选项的数值框中，可以输入新的数值。单击 确定 按钮，退出对话框，完成对图块属性值的修改。

◎ **块属性管理器**

图形中存在多种图块时，可以通过"块属性管理器"来管理图形中所有图块的属性。

启用命令的方法如下。

⊙ 工 具 栏："修改Ⅱ"工具栏中的"块属性管理器"按钮 。

⊙ 菜 单 命 令："修改 > 对象 > 属性 > 块属性管理器"。

⊙ 命 令 行：battman。

选择"修改 > 对象 > 属性 > 块属性管理器"命令，弹出"块属性管理器"对话框，如图 7-21 所示。在对话框中，可以对选择的块进行属性编辑。

图 7-20

图 7-21

"块属性管理器"对话框中各选项的功能如下。

⊙ "选择块"按钮 ：选择该按钮后暂时隐藏对话框，在图形中选中要进行编辑的图块后，即可返回到"块属性管理器"对话框中进行编辑。

⊙ "块"下拉列表：可以指定要编辑的块，下拉列表中将显示块所具有的属性定义。

⊙ 设置(S)... 按钮：单击该按钮，弹出"块属性设置"对话框，可以在其中设置"块属性管理器"中属性信息的列出方式，如图 7-22 所示。设置完成后，单击 确定 按钮。

⊙ 同步(Y) 按钮：当修改块的某一属性定义后，单击 同步(Y) 按钮，会更新所有具有当前定义属性特性的选定块的全部实例。

⊙ 上移(U) 按钮：在提示序列中，向上一行移动选定的属性标签。

⊙ 下移(M) 按钮：在提示序列中，向下一行移动选定的属性标签。选定固定属性时，上移(U) 或 下移(M) 按钮为不可用状态。

⊙ 编辑(E)... 按钮：单击 编辑(E)... 按钮，弹出"编辑属性"对话框。在"属性"、"文字选项"和"特性"选项卡中，可以对块的各项属性进行修改，如图 7-23 所示。

图 7-22

图 7-23

- ⊙ 删除(D) 按钮：可以删除列表中所选的属性定义。
- ⊙ 应用(A) 按钮：将设置应用到图块中。
- ⊙ 确定 按钮：保存并关闭对话框。

3. 插入图块

在绘图过程中，若需要应用图块，可以利用"插入块"命令将已创建的图块插入到当前图形中。在插入图块时，用户需要指定图块的名称、插入点、缩放比例、旋转角度等。

启用命令的方法如下。

- ⊙ 工 具 栏："绘图"工具栏中的"插入块"按钮 🔂。
- ⊙ 菜单命令："插入 > 块"。
- ⊙ 命 令 行：i（insert）。

选择"插入 > 块"命令，弹出"插入"对话框，如图 7-24 所示，在其中可以指定要插入的图块名称与位置。

"插入"对话框中各选项的功能如下。

⊙"名称"列表框：用于输入或选择需要插入的图块名称。

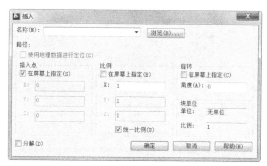

图 7-24

若需要使用外部文件（即利用"写块"命令创建的图块），可以单击 浏览(B)... 按钮，在弹出的"选择图形文件"对话框中选择相应的图块文件。单击 打开(O) 按钮，可将该文件中的图形作为块插入到当前图形中。

⊙"插入点"选项组：用于指定块的插入点的位置。可以利用鼠标在绘图窗口中指定插入点的位置，也可以输入插入点的 x、y、z 坐标。

⊙"比例"选项组：用于指定块的缩放比例。可以直接输入块的 x、y、z 方向的比例因子，也可以利用鼠标在绘图窗口中指定块的缩放比例。

⊙"旋转"选项组：用于指定块的旋转角度。在插入块时，可以按照设置的角度旋转图块。

⊙"分解"复选框：若选择该选项，则插入的块不是一个整体，而是被分解为各个单独的图形对象。

4. 重命名图块

创建图块后，可以根据实际需要对图块重新命名。

启用命令的方法如下。

- ⊙ 命 令 行：ren（rename）。

重命名图块的操作步骤如下。

步骤 1 在命令提示窗口中输入"ren（rename）"，弹出"重命名"对话框。

步骤 2 在"命名对象"列表框中选中"块"选项，"项目"列表框中将列出图形中所有内部块的名称。选中需要重命名的块，"旧名称"文本框中会显示所选块的名称，如图 7-25 所示。

步骤 3 在下面的文本框中输入新名称，单击 重命名为(R)： 按钮，"项目"列表中将显示新名称，如图 7-26 所示。

步骤 4 单击 确定 按钮，完成对内部图块名称的修改。

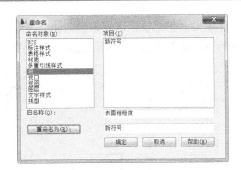

图 7-25	图 7-26

5. 分解图块

当在图形中使用块时，系统会将块作为单个的对象处理，用户只能对整个块进行编辑。如果用户需要编辑组成块的某个对象时，需要将块的组成对象分解为单一个体。

分解图块有以下 3 种方法。

⊙ 插入图块时，在"插入"对话框中选择"分解"复选框，再单击 确定 按钮，插入的图形仍保持原来的形式，但用户可以对其中某个对象进行修改。

⊙ 插入图块对象后，利用"分解"命令 将图块分解为多个对象。分解后的对象将还原为原始的图层属性设置状态。如果分解带有属性的块，属性值将会丢失，并重新显示其属性定义。

⊙ 在命令提示窗口中输入命令"xplode"，分解块时可以指定所在层、颜色、线型等选项。操作步骤如下：

命令: xplode //输入分解命令

请选择要分解的对象。

选择对象: 找到 1 个 //单击选择块

选择对象: //按 Enter 键

找到 1 个对象。

输入选项

[全部(A)/颜色(C)/图层(LA)/线型(LT)/线宽(LW)/从父块继承(I)/分解(E)] <分解>: E //选择"分解"选项

对象已分解。

6. 动态块

块编辑器命令是专门用于创建块定义并添加动态行为的编写区域。利用"块编辑器"命令可以创建动态块。块编辑器是一个专门的编写区域，用于添加能够使块成为动态块的元素。用户可以从头创建块或者向现有的块定义中添加动态行为，也可以如同在绘图区域中一样创建几何图形。

启用命令的方法如下。

⊙ 工 具 栏："标准"工具栏中的"块编辑器"按钮 。

⊙ 菜单命令："工具 > 块编辑器"。

⊙ 命 令 行：be（bedit）。

选择"工具 > 块编辑器"命令，弹出"编辑块定义"对话框，如图 7-27 所示。在该对话框中可以对要创建或编辑

图 7-27

的块进行定义。在"要创建或编辑的块"文本框中输入要创建的块，或者在下面的列表框中选择创建好的块，然后单击 确定 按钮，在绘图区域中弹出"块编辑器"界面，如图 7-28 所示。

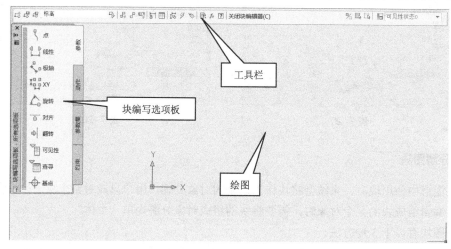

图 7-28

"块编辑器"包括"块编写选项板"、"绘图区域"和"工具栏"3 个部分。

"块编写选项板"用来快速访问块编写工具。

◎ "参数"选项卡：用于定义块的自定义特性。

◎ "动作"选项卡：用于定义在图形中操作动态块参照的自定义特性时，该块参照的几何图形将如何移动或修改。

◎ "参数集"选项卡：可以向动态块定义添加一般成对的参数和动作。

"绘图区域"用来绘制块图形，用户可以根据需要在程序的主绘图区域中绘制和编辑几何图形。

"工具栏"将显示当前正在编辑的块定义的名称，并提供执行操作所需的命令。

◎ "保存块定义"命令 ：保存对当前块定义所做的更改。

◎ "将块另存为"命令 ：用新名称保存当前块定义的副本。

◎ "参数"命令 ：向动态块定义中添加带有夹点的参数。

◎ "动作"命令 ：向动态块定义中添加动作。

◎ "定义属性"命令 ：打开"属性定义"对话框，定义块的属性。

◎ 关闭块编辑器(C) 命令：退出块编辑器界面。

注 意　启用"块编辑器"时可以使用绘图的大部分命令。如果用户输入了块编辑器中不允许执行的命令，命令行上将显示一条提示信息。

7.1.4 【实战演练】——绘制门动态块

利用"块编辑器"按钮创建门动态块。（最终效果参看光盘中的"Ch07 > 效果 > 门动态块"，见图 7-29。）

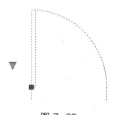

图 7-29

7.2 利用外部参照绘制腹板式带轮

7.2.1 【操作目的】

利用外部参照命令绘制腹板式带轮。（最终效果参看光盘中的"Ch07 > 效果 > 利用外部参照绘制腹板式带轮"，见图 7-30。）

7.2.2 【操作步骤】

步骤 [1] 打开文件。选择"文件 > 打开"命令，打开光盘中的"Ch07 > 素材 > 腹板式带轮 2.dwg"文件，如图 7-31 所示。

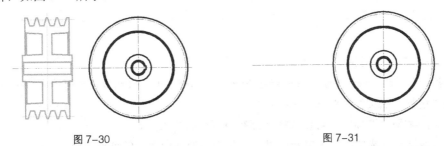

图 7-30　　　　　　　　　　　　　　图 7-31

步骤 [2] 绘制餐椅图形。选择"参照"工具栏中的"附着外部参照"按钮，在弹出的"选择参照文件"对话框中选择"Ch07 > 素材 > 腹板式带轮"图形，单击 打开(O) 按钮，弹出"附着外部参照"对话框，如图 7-32 所示。单击 确定 按钮，在绘图窗口中单击插入图形，并将图形拖曳到适当的位置，如图 7-33 所示。

图 7-32

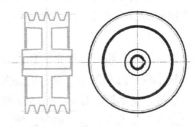

图 7-33

7.2.3 【相关工具】

1. 插入外部参照

外部参照将数据存储于一个外部图形中，当前图形数据库中仅存放外部文件的一个引用。"外部参照"命令可以附加、覆盖、连接或更新外部参照图形。

启用命令的方法如下。

⊙ 工 具 栏："参照"工具栏中的"附着外部参照"按钮。

⊙ 命 令 行：xattach。

单击"参照"工具栏中的"附着外部参照"按钮，弹出"选择参照文件"对话框，如图 7-34 所示。选择需要使用的外部参照文件，单击 打开(0) 按钮，弹出"附着外部参照"对话框，如图 7-35 所示。

图 7-34

图 7-35

"附着外部参照"对话框中各选项的功能如下。

⊙ "名称"下拉列表：用于选择外部参照文件的名称，可直接选取，也可单击 浏览(B)... 按钮，在弹出的"选择参照文件"对话框中指定。

在"参照类型"选项组中可以选择外部参照图形的插入方式。

⊙ "附着型"单选项：用于表示可以附着包含其他外部参照的外部参照。

⊙ "覆盖型"单选项：与附着的外部参照不同，当图形作为外部参照附着或覆盖到另一图形中时，不包括覆盖的外部参照。通过覆盖外部参照，无须通过附着外部参照来修改图形，便可以查看图形与其他编组中图形的相关方式。

⊙ "比例"选项组：指定所选外部参照的比例因子。可以直接输入 x、y、z 3 个方向的比例因子，或是选中"在屏幕上指定"复选框，在插入图形的时候指定外部参照的比例。

⊙ "插入点"选项组：指定所选外部参照的插入点。可以直接输入 x、y、z 3 个方向的坐标，或是选中"在屏幕上指定"复选框，在插入图形的时候指定外部参照的位置。

⊙ "路径类型"下拉列表：指定外部参照的保存路径，有完整路径、相对路径和无路径 3 个选项。

⊙ "旋转"选项组：可以指定插入外部参照时图形的旋转角度。

在"块单位"选项组中，显示的是关于块单位的信息。

⊙ "单位"文本框：显示为插入块指定的图形单位。

⊙ "比例"文本框：显示单位比例因子，它是根据块和图形单位计算出来的。

设置完成后，单击"确定"按钮，关闭对话框，返回到绘图窗口，在图形中需要的位置单击即可。

2. 编辑外部参照

由于外部引用文件不属于当前文件的内容，所以在外部引用的内容比较烦琐时，只能进行少量的编辑工作，如果想要对外部引用文件进行大量的修改，建议用户打开原始图形进行修改。

启用命令的方法如下。

⊙ 工 具 栏："参照编辑"工具栏中的"在位编辑参照"按钮。

⊙ 菜单命令："工具 > 外部参照和块在位编辑 > 在位编辑参照"。

⊙ 命令行：refedit。

对外部参照进行在位编辑的操作步骤如下。

步骤 1 启用编辑命令，光标变为拾取框，单击要在位编辑的外部参照图形，弹出"参照编辑"对话框。对话框中会列出所选外部参照文件的名称及预览图，如图 7-36 所示。

步骤 2 单击 **确定** 按钮关闭对话框，返回绘图窗口，系统转入对外部参照文件的在位编辑状态。

步骤 3 在此状态下，在参照图形中可以选择需要编辑的对象，然后使用编辑工具进行编辑修改。用户可以单击"添加到工作集"按钮 选择图形，将其添加到在位编辑的选择集中，也可以单击"从工作集删除"按钮 ，在选择集中删除对象。

图 7-36

步骤 4 在编辑过程中，如果用户想放弃对外部参照的修改，可以单击"关闭参照"按钮 ，系统会弹出提示对话框，提示用户选择是否放弃对参照的编辑，如图 7-37 所示。

步骤 5 完成外部参照的在位编辑操作后，若想将编辑应用在当前图形中，可以单击"保存参照编辑"按钮 ，系统会弹出提示对话框，提示用户选择是否保存并应用对参照的编辑，如图 7-38 所示。此编辑结果也将存入到外部引用的原文件中。

图 7-37

图 7-38

步骤 6 只有在指定放弃或保存对参照的修改后，才能结束对外部参照的编辑状态，返回正常绘图状态。

3. 管理外部参照

当在图形中引用了外部参照文件时，在外部参照更改后，AutoCAD 2010 并不会自动将当前图样中的外部参照更新，用户需要重新加载以更新它。使用"外部参照管理器"命令，可以方便地解决这些问题。

启用命令的方法如下。

⊙ 工具栏："参照"工具栏中的"外部参照"按钮 。

⊙ 菜单命令："插入 > 外部参照"。

⊙ 命令行：EXTERNALREFERENCES 或 xref。

选择"插入 > 外部参照"命令，弹出"外部参照"对话框，设置图中所使用的外部参照图形，如图 7-39 所示。

"外部参照"对话框中各选项的功能如下。

⊙ "列表图"按钮 ：在列表中以无层次列表的形式显示附着的外部参照和它们的相关数据，可以按名称、状态、类型、文件日期、文件大小、保存路径和文件名对列表中的参照进行排序。

⊙ "树状图"按钮：将显示一个外部参照的层次结构图，在图中会显示外部参照定义之间的嵌套关系层次、外部参照的类型以及它们的状态的关系。

⊙ 单击 按钮后面的下拉按钮 ，有"附着 DWG"、"附着图像"、"附着 DWF"和"附着 DGN" 4 个选项可供选择，如图 7-39 左图所示，以确定加载的参照文件类型。

⊙ 单击 按钮后面的下拉按钮 ，有"刷新"和"重载所有参照"两个选项可供选择，如图 7-39 中图所示，以确定对参照的相关操作。

⊙ 在文件参照区域，选择已加载的图形参照，单击鼠标右键，在弹出的快捷菜单中也可以对图形文件进行操作，如图 7-39 右图所示。

图 7-39

7.2.4 【实战演练】——利用外部参照绘制整体式小链轮

利用外部参照命令绘制整体式小链轮。（最终效果参看光盘中的"Ch07 > 效果 > 利用外部参照绘制整体式小链轮"，见图 7-40。）

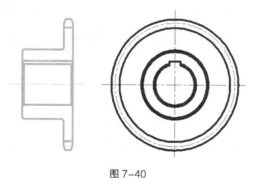

图 7-40

7.3 综合演练——螺栓连接

使用"直线"工具 、"圆"工具 "修剪"工具 、"创建块"按钮 、"插入块"工具 以及"移动"工具 绘制螺栓连接。（最终效果参看光盘中的"Ch07 > 效果 > 螺栓连接"，见图 7-41。）

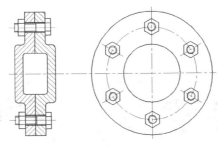

图 7–41

7.4　综合演练——会议室平面布置图

利用"插入块"工具 ![icon]、"移动"工具 ![icon]、"旋转"工具 ![icon]、"镜像"工具 ![icon]、"阵列"工具 ![icon] 以及"复制"工具 ![icon] 绘制会议室平面布置图。(最终效果参看光盘中的"Ch07 > 效果 > 会议室平面布置图",见图 7-42。)

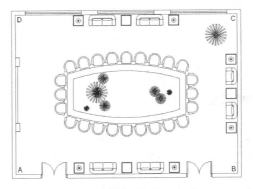

图 7–42

本章介绍如何在 AutoCAD 2010 中获取图形对象的信息、使用辅助工具、打印工程图以及将图形输出为其他格式的文件。本章介绍的知识可帮助用户掌握 AutoCAD 2010 的查询功能、图形打印和输出功能，使用户能够熟练地了解图像信息，并能将绘制完毕的工程图打印到指定的纸张上。

 课堂学习目标

- 信息查询
- 辅助工具
- 打印图形
- 将图形输出为其他格式文件

8.1 信息查询

AutoCAD 2010 提供了图形信息的各种查询方法，如距离、面积、质量、系统状态、图形对象信息、绘图时间和点信息的查询。

8.1.1 查询距离

查询距离一般是指查询两点之间的距离，常与对象捕捉功能配合使用。此外，通过查询距离功能，还可以测量图形对象的长度、图形对象在 xy 平面内的夹角等。AutoCAD 提供的"距离"命令，用于查询图形对象的距离。

启用命令的方法如下。

⊙ 工 具 栏："查询"工具栏中的"距离"按钮 。

⊙ 菜单命令："工具 > 查询 > 距离"。

⊙ 命 令 行：di（dist）。

选择"工具 > 查询 > 距离"命令，查询线段 AB 的长度，如图 8-1 所示。操作步骤如下：

图 8-1

命令: '_dist   //选择距离命令

指定第一点: <对象捕捉 开>   //打开捕捉开关，捕捉交点 A 点

指定第二点: //捕捉交点 B 点

距离 = 515.5317，XY 平面中的倾角 = 10，   与 XY 平面的夹角 = 0

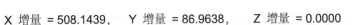
X 增量 = 508.1439, Y 增量 = 86.9638, Z 增量 = 0.0000

　　　　　　　　　　　　　　　　　　　　　　　　//查询到 A、B 点之间的距离

8.1.2 查询面积

在 AutoCAD 2010 中，用户可以查询矩形、圆、多边形、面域等对象及指定区域的周长与面积，另外，还可以进行面积的加、减运算等。AutoCAD 提供的"面积"命令，用于查询图形对象的周长与面积。

启用命令的方法如下。

⊙ 工 具 栏："查询"工具栏中的"面积"按钮 。

⊙ 菜单命令："工具 > 查询 > 面积"。

⊙ 命 令 行：area。

选择"工具 > 查询 > 面积"命令，捕捉相应的图形对象，查询该图形对象的周长与面积，如图 8-2、图 8-3 和图 8-4 所示。操作步骤如下：

命令: _area　　　　　　　　　　　　　　　　//选择面积命令
指定第一个角点或 [对象(O)/加(A)/减(S)]: O　　//选择"对象"选项
选择对象:　　　　　　　　　　　　　　　　　//单击选择圆
　面积 = 86538.9568，圆周长 = 1042.8234　　　//查询到圆的面积与周长

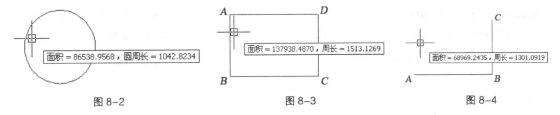

图 8-2　　　　　　　　　图 8-3　　　　　　　　　图 8-4

命令: _area　　　　　　　　　　　　　　　　　　　//选择面积命令
指定第一个角点或 [对象(O)/加(A)/减(S)]: <对象捕捉 开>　//打开对象捕捉开关，捕捉交点 A 点
指定下一个角点或按 ENTER 键全选:　　　　　　　//捕捉交点 B 点
指定下一个角点或按 ENTER 键全选:　　　　　　　//捕捉交点 C 点
指定下一个角点或按 ENTER 键全选:　　　　　　　//捕捉交点 D 点
指定下一个角点或按 ENTER 键全选:　　　　　　　//按 Enter 键
　面积 = 137938.4870，周长 = 1513.1269　　　　//查询到矩形 ABCD 的面积与周长

 注　意　若用户在选取交点 A、B、C 之后直接按 Enter 键，则查询到的信息是三角形 ABC 的面积与周长。

命令: _area　　　　　　　　　　　　　　　　　　　//选择面积命令
指定第一个角点或 [对象(O)/加(A)/减(S)]: <对象捕捉 开>　//打开对象捕捉开关，捕捉交点 A 点
指定下一个角点或按 ENTER 键全选:　　　　　　　//捕捉交点 B 点
指定下一个角点或按 ENTER 键全选:　　　　　　　//捕捉交点 C 点
指定下一个角点或按 ENTER 键全选:　　　　　　　//按 Enter 键
　面积 = 68969.2435，周长 = 1301.0919　　　　　//查询到三角形 ABC 的面积与周长

提 示 如果指定端点或选择的图形不封闭，则 AutoCAD 在计算图形面积时，将假设从最后一点到第一点绘制一条直线；在计算周长时，将加上这条假设直线的长度。例如，捕捉交点 C 之后，如图 8-4 所示，按 Enter 键，完成对图形 ABC 的周长和面积的测量，其中周长的尺寸包含线段 AC 的长度。

提示选项说明如下。

⊙ 对象(O)：通过对象方式查询选定对象的面积和周长。利用该方式可以计算圆、椭圆、样条曲线、多段线、多边形、面域和实体的面积。

⊙ 加(A)：选择"加"模式时，系统将计算各个定义区域和对象的面积、周长，并计算所有定义区域和对象的总面积，如图 8-5 所示。操作步骤如下：

命令: _area	//选择面积命令
指定第一个角点或 [对象(O)/加(A)/减(S)]: A	//选择"加"选项
指定第一个角点或 [对象(O)/减(S)]: O	//选择"对象"选项
（"加"模式) 选择对象:	//选择矩形对象
面积 = 163882.4719，周长 = 1619.6239	//系统测量出矩形面积与周长
总面积 = 163882.4719	//显示选择对象的总面积
（"加"模式) 选择对象:	//选择圆对象
面积 = 158321.8087，圆周长 = 1410.5072	//系统测量出圆形面积与周长
总面积 = 322204.2807	//显示选择对象的总面积
（"加"模式) 选择对象:	//按 Enter 键
指定第一个角点或 [对象(O)/减(S)]:	//按 Enter 键

图 8-5

⊙ 减(S)：与"加"模式相反，系统将从总面积中减去指定面积，如图 8-6 所示。操作步骤如下：

命令: _area	//选择面积命令
指定第一个角点或 [对象(O)/加(A)/减(S)]: A	//选择"加"选项
指定第一个角点或 [对象(O)/减(S)]: O	//选择"对象"选项
（"加"模式) 选择对象:	//选择矩形图形
面积 = 163882.4719，周长 = 1619.6239	//系统测量出矩形面积与周长
总面积 = 163882.4719	//显示选择对象的总面积
（"加"模式) 选择对象:	//按 Enter 键
指定第一个角点或 [对象(O)/减(S)]: S	//选择"减"选项
指定第一个角点或 [对象(O)/加(A)]: O	//选择"对象"选项
（"减"模式) 选择对象:	//选择圆图形
面积 = 158321.8087，圆周长 = 1410.5072	//系统测量出圆形面积与周长
总面积 = 5560.6632	//显示在矩形面积中减去圆面积后剩余的面积

("减"模式) 选择对象:　　　　　　　　　　　　　//按 Enter 键

指定第一个角点或 [对象(O)/加(A)]:　　　　　　//按 Enter 键

图 8-6

8.1.3　查询质量

AutoCAD 提供的"面域/质量特性"命令,用于查询面域或三维实体的质量特性。

启用命令的方法如下。

⊙ 工 具 栏:"查询"工具栏中的"面域/质量特性"按钮。

⊙ 菜单命令:"工具 > 查询 > 面域/质量特性"。

⊙ 命 令 行:massprop。

图 8-7

选择"工具 > 查询 > 面域/质量特性"命令,选择相应的面域或三维实体,查询该面域或三维实体的质量特性,如图8-7所示。操作步骤如下:

命令: _massprop		//选择面域/质量特性命令
选择对象: 找到 1 个		//选择方茶几模型
选择对象:		//按 Enter 键
---------------- 实体 ----------------		
质量:	23888050.2967	//显示方茶几的质量
体积:	23888050.2967	//显示方茶几的体积
边界框:	X: 811.7010 -- 1261.7010	
	Y: 219.2133 -- 769.2133	
	Z: 0.0000 -- 500.0000	
质心:	X: 1036.7010	//显示方茶几的质心
	Y: 494.2133	
	Z: 406.7655	
惯性矩:	X: 1.0930E+13	//显示方茶几的惯性矩
	Y: 3.0493E+13	
	Z: 3.2823E+13	
惯性积:	XY: 1.2239E+13	//显示方茶几的惯性积
	YZ: 4.8022E+12	
	ZX: 1.0073E+13	
旋转半径:	X: 676.4259	//显示方茶几的旋转半径
	Y: 1129.8289	
	Z: 1172.2007	
主力矩与质心的 X-Y-Z 方向:		//显示方茶几的主力矩与质心方向
	I: 1.1430E+12 沿 [1.0000 0.0000 0.0000]	

J: 8.6729E+11 沿 [0.0000 1.0000 0.0000]

K: 1.3152E+12 沿 [0.0000 0.0000 1.0000]

按 ENTER 键继续：　　　　　　　　　　　　　　//按 Enter 键

是否将分析结果写入文件？[是(Y)/否(N)] <否>:　　　//按 Enter 键

 提　示　　在 AutoCAD 中，所有物体的密度值均默认为 1.0，因此，在查询到实体的体积后通过计算（质量＝体积×密度），即可得到实体的质量。

提示选项说明如下。

⊙ 是(Y)：保存分析结果，其保存文件的后缀名为".mpr"。以后在需要查看分析结果时，可以利用记事本将其打开，并查看分析结果。

⊙ 否(N)：不保存分析结果。

8.1.4　查询系统状态

AutoCAD 提供的"状态"命令，用于查询当前图形的系统状态。其中，当前图形的系统状态包括以下几个方面。

⊙ 统计当前图形中对象的数目。

⊙ 显示所有图形对象、非图形对象和块定义。

⊙ 在 DIM 提示下使用时，报告所有标注系统变量的值和说明。

启用命令的方法如下。

⊙ 菜单命令："工具 > 查询 > 状态"。

⊙ 命 令 行：status。

选择"工具 > 查询 > 状态"命令，系统自动列出以下状态信息：

命令: '_status 63 个对象在 E:\CAD 素材\三维\方茶几.dwg 中

模型空间图形界限	X:	0.0000	Y:	0.0000	(关)
	X: 42000.0000		Y: 29700.0000		
模型空间使用	X:	811.7010	Y:	219.2133	
	X: 1261.7010		Y:	769.2133	
显示范围	X: -1850.9519		Y: -1763.8479		
	X: 2333.6109		Y: 2420.7149		
插入基点	X:	0.0000	Y:	0.0000	Z: 0.0000
捕捉分辨率	X:	10.0000	Y:	10.0000	
栅格间距	X:	10.0000	Y:	10.0000	

当前空间:　　　　模型空间

当前布局:　　　　Model

当前图层:　　　　0

当前颜色:　　　　BYLAYER -- 7 (白色)

当前线型:　　　　BYLAYER -- "Continuous"

当前线宽:　　BYLAYER

当前标高:　　　　0.0000　厚度:　　0.0000

填充 开　栅格 关　正交 关　快速文字 关　捕捉 关　数字化仪 关

对象捕捉模式: 　　圆心, 端点, 交点, 中点, 节点, 垂足, 象限点, 切点

可用图形磁盘 (E:) 空间: **1869.7 MB**

可用临时磁盘 (C:) 空间: **858.3 MB**

可用物理内存: **84.0 MB** (物理内存总量 **511.5 MB**)。

可用交换文件空间: **959.0 MB** (共 **1373.8 MB**)。

8.1.5 查询图形对象信息

AutoCAD 提供的"列表显示"命令,用于查询图形对象的信息,如图形对象的类型、图层、相对于当前坐标系的 x、y、z 位置以及对象是位于模型空间还是图纸空间等各项信息。

启用命令的方法如下。

⊙ 工 具 栏:"查询"工具栏中的"列表"按钮。

⊙ 菜单命令:"工具 > 查询 > 列表"。

⊙ 命 令 行: list。

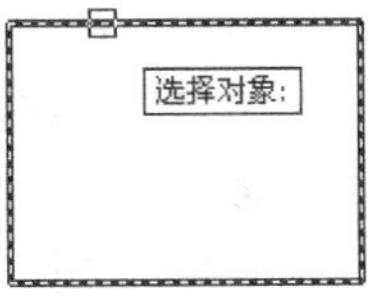

选择"工具 > 查询 > 列表显示"命令,再选择想要查询的图形对象,可将其相关信息以列表的形式列出,如图 8-8 所示。操作步骤如下:

图 8-8

命令: _list　　　　　　　　　　　　　　　　　//选择列表显示命令

选择对象: 找到 1 个　　　　　　　　　　　　　//选择矩形

选择对象:　　　　　　　　　　　　　　　　　//按 Enter 键

<pre>
            LWPOLYLINE   图层: 0
                     空间: 模型空间
               句柄 = fa
        闭合
  固定宽度   0.0000
          面积   90768.9125
        周长   1222.8461
        于端点   X= 659.8813   Y= 593.4693   Z=   0.0000
        于端点   X=1017.4640   Y= 593.4693   Z=   0.0000
        于端点   X=1017.4640   Y= 339.6290   Z=   0.0000
        于端点   X= 659.8813   Y= 339.6290   Z=   0.0000   //显示与矩形相关信息
</pre>

8.1.6 查询绘图时间

AutoCAD 提供的"时间"命令,用于查询图形的创建和编辑时间。

启用命令的方法如下。

⊙ 菜单命令:"工具 > 查询 > 时间"。

⊙ 命 令 行: time。

选择"工具 > 查询 > 时间"命令,查询图形的创建和编辑时间,系统列出以下信息:

命令: '_ time

当前时间:　　　　　　　　　2010 年 3 月 7 日　14:46:10:390

此图形的各项时间统计:

中等职业教育数字艺术类规划教材

创建时间:	2010 年 3 月 7 日　14:36:54:046
上次更新时间:	2010 年 3 月 7 日　14:36:54:046
累计编辑时间:	0 days 00:09:16:375
消耗时间计时器 (开):	0 days 00:09:16:360
下次自动保存时间:	0 days 00:11:23:484

8.1.7　查询点信息

AutoCAD 提供的"点坐标"命令，用于查询点的坐标位置，即 x、y、z 坐标值，以便用户精确定位图形。

启用命令的方法如下。

⊙ 工 具 栏："查询"工具栏中的"定位点"按钮 。

⊙ 菜单命令："工具 > 查询 > 点坐标"。

⊙ 命 令 行：id。

选择"工具 > 查询 > 点坐标"命令，再选择相应的点，系统列出该点的坐标位置，如图 8-9 所示。操作步骤如下：

命令:'_id　　　　　　　　　　　　　　　　　//选择定位点命令

指定点: <对象捕捉 开>　　　　　　　　　　　//打开对象捕捉开关，捕捉 *A* 点

X = 659.8813　　　Y = 593.4693　　　Z = 0.0000　　//显示出 *A* 点的坐标值

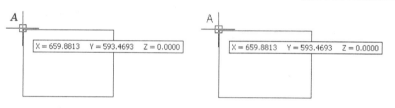

图 8-9

8.2 　辅助工具

AutoCAD 2010 辅助工具包括工具选项板和图纸集管理器这两个主要的辅助工具。

8.2.1　工具选项板窗口

工具选项板窗口提供了组织、共享、放置块及填充图案的快捷方法，包括"注释"、"建筑"、"机械"、"土木工程/结构"、"电力"、"图案填充"和"工具命令"7 个选项卡。

用户可以从选项卡中直接将某个工具拖曳到绘图区域中创建图形，也可以将已有图形和图块等放入工具选项板中来创建新工具。

启用命令的方法如下。

⊙ 工 具 栏："标准"工具栏中的"工具选项板窗口"按钮 。

⊙ 菜单命令："工具 > 工具选项板窗口"。

⊙ 命 令 行：toolpalettes。

选择"工具 > 选项板 > 工具选项板窗口"命令创建图形，操作步骤如下。

步骤 1 选择"工具 > 选项板 > 工具选项板窗口"命令，打开"工具选项板窗口"对话框。

步骤 2 在"工具选项板窗口"对话框中，依次选择"机械 > 公制样例 > 六角螺母－公制"，如图 8-10 所示。将其拖曳到绘图窗口中绘制图形，如图 8-11 所示。

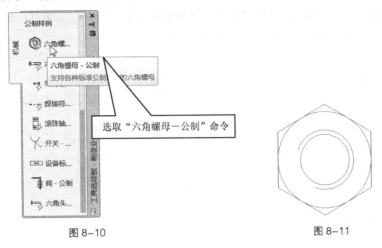

选取"六角螺母－公制"命令

图 8-10　　　　　　　　　　　　图 8-11

8.2.2 图纸集管理器

图纸集管理器用于组织、显示和管理图纸集（图纸的命名集合）。图纸集中的每张图纸都与图形（dwg）文件中的一个布局相对应。这样便于图纸的管理、传递、发布以及归档。

图纸集管理器是一个协助用户将多个图形文件组织为一个图纸集的新工具。图纸集管理器还提供了管理图形文件的各种工具。

启用命令的方法如下。

⊙ 工 具 栏："标准"工具栏中的"图纸集管理器"按钮。

⊙ 菜单命令："工具 > 图纸集管理器"。

⊙ 命 令 行：sheetset。

选择"工具 > 图纸集管理器"命令创建图纸集，操作步骤如下。

步骤 1 选择"工具 > 图纸集管理器"命令，弹出"图纸集管理器"对话框，其中包括"模型视图"、"图纸视图"和"图纸列表"3 个选项卡，如图 8-12 所示。

步骤 2 选择"图纸列表控件"列表框，弹出下拉列表，选择"新建图纸集"命令，如图 8-13 所示。弹出"创建图纸集-开始"对话框，选择"样例图纸集"单选项，如图 8-14 所示。

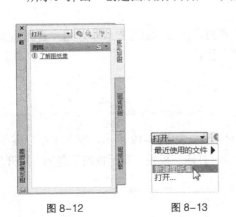

图 8-12　　　　　　图 8-13

图 8-14

步骤 3 单击 下一步(N) > 按钮，弹出"创建图纸集-图纸集样例"对话框，选择"Architectural Metric Sheet Set"选项，使用公制建筑图纸集来创建新的图纸集，其默认图纸尺寸为 594mm × 841mm，如图 8-15 所示。

步骤 4 单击 下一步(N) > 按钮，弹出"创建图纸集-图纸集详细信息"对话框，在"新图纸集的名称"文本框中输入名称"图纸 1"，如图 8-16 所示。

图 8-15

图 8-16

步骤 5 单击 下一步(N) > 按钮，弹出"创建图纸集-确认"对话框，预览图纸集，如图 8-17 所示。单击 完成 按钮，完成图纸集的创建，如图 8-18 所示。

图 8-17

图 8-18

8.3 打印图形

通常在图形绘制完成后，需要将其打印在图纸上。在打印图形的操作过程中，用户首先需要启用"打印"命令，然后选择或设置相应的选项即可打印图形。

启用命令的方法如下。

⊙ 菜单命令："文件 > 打印"。

⊙ 命令行：plot。

选择"文件 > 打印"命令，弹出"打印－模型"对话框，如图 8-19 所示，在其中用户需要选择打印设备、图纸尺寸、打印区域、打印比例等。单击"打印－模型"对话框右下角的"展开"按钮 ⊙，展开右侧隐藏部分的内容，如图 8-20 所示。

 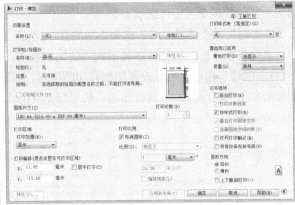

图 8-19   图 8-20

"打印-模型"对话框中各选项的功能如下。

"打印机/绘图仪"选项组用于选择打印设备。

⊙ "名称"下拉列表：选择打印设备的名称。当用户选定打印设备后，系统将显示该设备的名称、连接方式、网络位置及与打印相关的注释信息，同时其右侧 特性(R)... 按钮将变为可选状态。

"图纸尺寸"选项组用于选择图纸的尺寸。

⊙ "图纸尺寸"下拉列表：可以根据打印的要求选择相应的图纸，如图 8-21 所示。

若该下拉列表中没有相应的图纸，则需要用户自定义图纸尺寸。其操作方法是单击"打印机/绘图仪"选项组中的 特性(R)... 按钮，弹出"绘图仪配置编辑器"对话框，选择"自定义图纸尺寸"选项，并在出现的"自定义图纸尺寸"选项组中单击 添加(A)... 按钮，然后根据系统的提示依次输入相应的图纸尺寸即可。

"打印区域"选项组用于设置图形的打印范围。

在"打印范围"下拉列表中可选择要输出图形的范围，如图 8-22 所示。

⊙"窗口"选项：当用户在"打印范围"下拉列表中选择"窗口"选项时，其右侧将出现 窗口(O)< 按钮。单击 窗口(O)< 按钮，系统将隐藏"打印-模型"对话框，此时用户即可在绘图窗口内指定打印的区域。

图 8-21   图 8-22

⊙ "范围"选项：打印出图形中所有的对象。

⊙ "图形界限"选项：按照用户设置的图形界限来打印图形，此时在图形界限范围内的图形对象将打印在图纸上。

⊙ "显示"选项：打印绘图窗口内显示的图形对象。

"打印比例"选项组用于设置图形打印的比例，如图 8-23 所示。

⊙ "布满图纸"复选框：系统自动按照图纸的大小适当缩放图形，使打印的图形布满整张图纸。选择"布满图纸"复选框后，"打印比例"

图 8-23

选项组的其他选项变为不可选状态。

⊙"比例"下拉列表：用于选择图形的打印比例，如图 8-24 所示。当用户选择相应的比例选项后，系统将在下面的数值框中显示相应的比例数值，如图 8-25 所示。

"打印偏移"选项组用于设置图纸打印的位置，如图 8-26 所示。在默认状态下，AutoCAD 将从图纸的左下角打印图形，其打印原点的坐标是（0,0）。

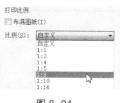

图 8-24

图 8-25

图 8-26

⊙"X"、"Y"数值框：设置图形打印的原点位置，此时图形将在图纸上沿 x 轴和 y 轴移动相应的位置。

⊙"居中打印"复选框：在图纸的正中间打印图形。

"图形方向"选项组用于设置图形在图纸上的打印方向，如图 8-27 所示。

⊙"纵向"单选项：当用户选择"纵向"单选项时，图形在图纸上的打印位置是纵向的，即图形的长边为垂直方向。

⊙"横向"单选项：当用户选择"横向"单选项时，图形在图纸上的打印位置是横向的，即图形的长边为水平方向。

⊙"上下颠倒打印"复选框：当用户选择"上下颠倒打印"复选框时，可以使图形在图纸上倒置打印。该选项可以与"纵向"、"横向"两个单选项结合使用。

"着色视口选项"选项组用于打印经过着色或渲染的三维图形，如图 8-28 所示。

"着色打印"下拉列表中存在 4 个选项，分别为"按显示"、"线框"、"消隐"以及"渲染"。

⊙"按显示"选项：按图形对象在屏幕上的显示情况进行打印。

⊙"线框"选项：按线框模式打印图形对象，而不考虑图形在屏幕上的显示情况。

⊙"消隐"选项：按消隐模式打印图形对象，即在打印图形时去除其隐藏线。

⊙"渲染"选项：按渲染模式打印图形对象。

"质量"下拉列表中存在 6 个选项，分别为"草稿"、"预览"、"常规"、"演示"、"最大"和"自定义"，如图 8-29 所示。

图 8-27

图 8-28

图 8-29

⊙"草稿"选项：渲染或着色的图形以线框的方式打印。

⊙"预览"选项：渲染或着色的图形其打印分辨率设置为当前设备分辨率的 1/4，DPI 最大值为 150。

⊙"常规"选项：渲染或着色的图形其打印分辨率设置为当前设备分辨率的 1/2，DPI 最大值为 300。

⊙"演示"选项：渲染或着色的图形其打印分辨率设置为当前设备的分辨率，DPI 最大值为 600。

⊙ "最高"选项：渲染或着色的图形其打印分辨率设置为当前设备的分辨率。

⊙ "自定义"选项：渲染或着色的图形其打印分辨率设置为"DPI"框中用户指定的分辨率。

⊙ 预览(P)... 按钮：显示图纸打印的预览图。

8.4 输出图形为其他格式

在 AutoCAD 中，利用"输出"命令可以将绘制的图形输出为 BMP、3DS 等格式的文件，并在其他应用程序中使用。

启用命令的方法如下。

⊙ 菜单命令："文件 > 输出"。

⊙ 命 令 行：exp（export）。

选择"文件 > 输出"命令，弹出"输出数据"对话框。指定文件的名称和保存路径，并在"文件类型"选项的下拉列表中选择相应的输出格式，如图 8-30 所示。单击 保存(S) 按钮，将图形输出为所选格式的文件。

图 8-30

在 AutoCAD 2010 中，可以将图形输出为以下几种格式的文件。

⊙ "图元文件"：此格式以".wmf"为扩展名，将图形输出为图元文件，以供不同的 Windows 软件调用。图形在其他软件中时，图元的特性不变。

⊙ "ACIS"：此格式以".sat"为扩展名，将图形输出为实体对象文件。

⊙ "平板印刷"：此格式以".stl"为扩展名，输出图形为实体对象立体画文件。

⊙ "封装 PS"：此格式以".eps"为扩展名，输出为 PostScrip 文件。

⊙ "DXX 提取"：此格式以".dxx"为扩展名，输出为属性抽取文件。

⊙ "位图"：此格式以".bmp"为扩展名，输出为与设备无关的位图文件，可供图像处理软件调用。

⊙ "3D Studio"：此格式以".3ds"为扩展名，输出为 3D Studio（MAX）软件可接收的格式文件。

⊙ "块"：此格式以".dwg"为扩展名，输出为图形块文件，可供不同版本的 CAD 软件调用。

第9章 综合设计实训

本章的综合设计实训案例，是根据实际设计项目真实情境来训练学生如何利用所学知识完成商业设计项目。通过多个实际设计项目案例的演练，使学生进一步牢固掌握 Auto CAD 2010 的强大操作功能和使用技巧，并应用好所学技能制作出专业的设计作品。

 ## 课堂学习目标

- 掌握软件的操作功能和知识要点
- 掌握软件的不同应用技巧
- 掌握项目的设计思路和过程
- 掌握项目的制作方法和技巧

9.1 绘制油标

9.1.1 【项目背景与要求】

1. 客户名称

合盛通机电设备有限公司。

2. 客户需求

设计制作油标平面图，由于要用于生产和加工之用，所以绘制的图形要精细、详尽，将图形细节最大限度的地表达出来，让制作过程和所体现细节一目了然，以增加制作效率。

3. 设计要求

（1）设计要求线条清晰明快。
（2）表现要求直观醒目、清晰准确。
（3）整体设计完整详尽。
（4）设计规格以国家的行业标准为准。
（5）能以不同的比例尺寸清晰显示图形效果。

9.1.2 【项目设计及制作】

1. 设计作品

设计作品效果所在位置：光盘中的"Ch09 > 效果 > 油标"，如图 9-1 所示。

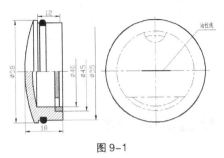

图 9-1

2. 步骤提示

步骤 1 新建文件并创建"细点划线"、"轮廓线"和"剖面线"图层。

步骤 2 在"细点划线"图层绘制中心线，并制作出不同的偏移效果，如图 9-2 所示。

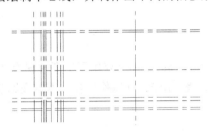

图 9-2

步骤 3 在"轮廓线"图层绘制直线，并删除不需要的直线，如图 9-3 所示。再绘制圆弧线，如图 9-4 所示，并修剪不需要的直线，如图 9-5 所示。绘制圆形，如图 9-6 所示。

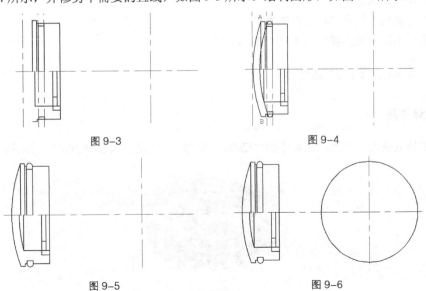

图 9-3 图 9-4

图 9-5 图 9-6

步骤 4 在"细点划线"图层绘制圆形和直线，并对其进行修剪，如图 9-7 所示。

步骤 5 在"剖面线"图层创建剖面线区域并进行填充，如图 9-8 所示。

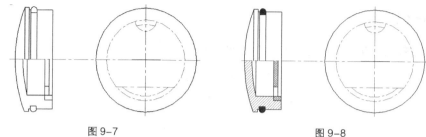

图 9-7   图 9-8

9.2 绘制标准直齿圆柱齿轮

9.2.1 【项目背景与要求】

1. 客户名称

顺兴达机电设备有限公司。

2. 客户需求

设计制作标准直齿圆柱齿轮立体图，由于要用于生产和观模之用，所以绘制的图形要精细、详尽，将图形细节最大限度的地表达出来，让制作过程和所体现细节一目了然，以增加制作效率。

3. 设计要求

（1）设计要求清晰严谨、明快精准。

（2）表现要求直观醒目、清晰准确。

（3）整体设计完整详尽。

（4）设计规格以国家的行业标准为准。

（5）能以不同的观察视角清晰显示图形效果。

9.2.2 【项目设计及制作】

1. 设计作品

设计作品效果所在位置：光盘中的"Ch09 > 效果 > 标准直齿圆柱齿轮"，如图 9-9 所示。

图 9-9

2. 步骤提示

步骤 1 新建文件并创建"轮廓线"和"细点划线"两个图层。

步骤 2 在"细点划线"图层绘制直线并制作偏移的直线效果，如图 9-10 所示。

步骤 3 在"轮廓线"图层使用"直线"工具 ✏、"圆"工具 ⊙、"删除"工具 ✐ 和"圆弧"工具 ✐ 绘制齿轮的齿廓，如图 9-11 所示，并制作镜像效果，如图 9-12 所示。

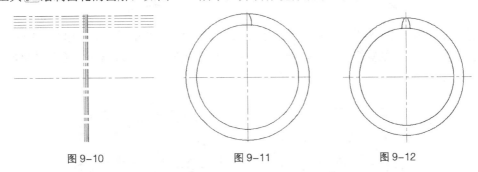

图 9-10　　　　　　　　图 9-11　　　　　　　　图 9-12

步骤 4 对齿顶圆、齿根圆及齿廓进行修剪，并进行轮齿的阵列效果，如图 9-13 所示。再对齿根圆进行修剪，如图 9-14 所示。

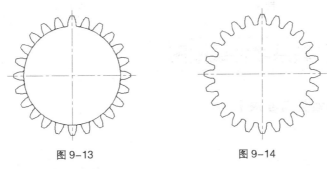

图 9-13　　　　　　　　　　图 9-14

步骤 5 选择"圆"工具 ⊙、"偏移"工具 ⊜、"修剪"工具 ⊁ 和"阵列"工具 ⊞ 绘制轮廓线，图形效果如图 9-15 所示。删除多余的辅助线。

步骤 6 使用"面域"工具 ◎、差集命令、"西南等轴测"工具 ◈ 和"拉伸"工具 ⬆ 制作出立体效果，如图 9-16 所示。

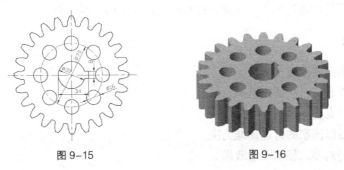

图 9-15　　　　　　　　　　图 9-16

步骤 7 用上述方法制作另一个立体效果，如图 9-17 所示。以消隐模式观察模型，并将由圆环面拉伸形成的实体移动到齿轮基体上，效果如图 9-18 所示。

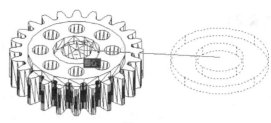

图 9-17　　　　　　　　　　　　　　　　图 9-18

步骤 **8** 复制圆环体并对齿轮基体和两个圆环面拉伸体进行布尔的减运算，如图 9-19 所示。

步骤 **9** 使用"概念视觉样式"工具 ●，对创建好的齿轮模型进行着色观察，图形效果如图 9-20 所示。

图 9-19　　　　　　　　　　　　　图 9-20

9.3 绘制轴系零件装配图

9.3.1 【项目背景与要求】

1. 客户名称

精工精准机械有限公司。

2. 客户需求

设计制作轴系零件装配图，由于要用于生产和加工之用，所以图形的装配要精细、严谨，将图形细节最大限度的地表达出来，让制作过程和所体现细节一目了然。

3. 设计要求

（1）装配的衔接要准确严谨。

（2）表现要直观醒目、清晰准确。

（3）整体设计完整详尽。

（4）设计规格以国家的行业标准为准。

（5）能以不同的形式显示图形效果。

9.3.2 【项目设计及制作】

1. 设计素材

图片素材所在位置：光盘中的"Ch09 > 素材 > 轴系零件装配图"。

2. 设计作品

设计作品效果所在位置：光盘中的"Ch09 > 效果 > 轴系零件装配图"，如图 9-21 所示。

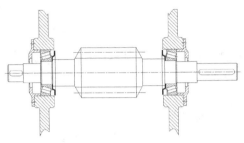

图 9-21

3. 步骤提示

步骤 1　打开素材文件"蜗杆轴"，并将其另存为一个新的目录。

步骤 2　打开素材文件"挡油环"，确定复制基点并复制图形，如图 9-22 所示。粘贴图形并确认端点位置，效果如图 9-23 所示。

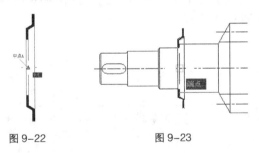

图 9-22　　　　　　　　图 9-23

步骤 3　在"设计中心"面板中打开素材文件"轴承"的图块，使用"插入"对话框移动到目标位置，如图 9-24 所示。镜像产生轴承的另一半，如图 9-25 所示。

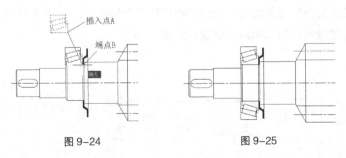

图 9-24　　　　　　　　图 9-25

步骤 4　在"轮廓线"图层使用"直线"工具 、"偏移"工具 、"修剪"工具 、"圆角"工具 和"样条曲线"工具 ，绘制箱体的外轮廓线，如图 9-26 所示。

步骤 5 使用"镜像"工具以 A、B 点为镜像轴镜像图形制作出右侧的挡油环、轴承及箱体支撑，如图 9-27 所示。

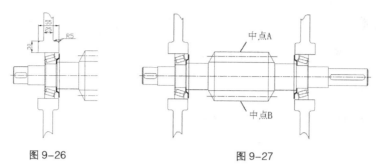

图 9-26　　　　　　　　　　　图 9-27

步骤 6 打开素材文件"左轴承盖"，确定复制基点并复制图形，如图 9-28 所示。粘贴图形并确认端点位置，效果如图 9-29 所示。

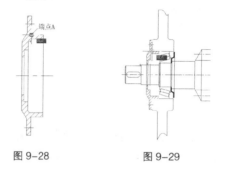

图 9-28　　　　　　　　　　　图 9-29

步骤 7 打开素材文件"右轴承盖"，确定复制基点并复制图形，如图 9-30 所示。粘贴图形并确认端点位置，效果如图 9-31 所示。

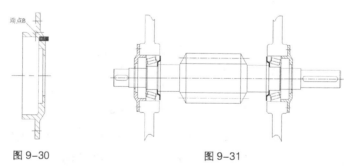

图 9-30　　　　　　　　　　　图 9-31

步骤 8 修剪轴承盖上的几条线段以达到被蜗杆轴挡上的效果，如图 9-32 所示。使用"图案填充"工具绘制箱体和轴承的剖面线，如图 9-33 所示。

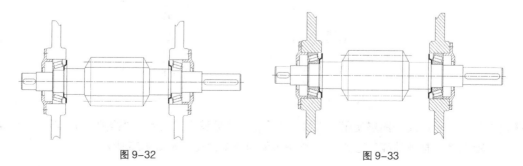

图 9-32　　　　　　　　　　　图 9-33

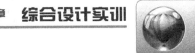

9.4 标注圆锥齿轮轴零件图

9.4.1 【项目背景与要求】

1. 客户名称

金益伟业机电设备有限公司。

2. 客户需求

标注圆锥齿轮轴零件图，由于要用于生产和加工之用，所以对图形的标注要准确、明快、严谨，将图形的尺寸细节最大限度的地表达出来，让制作过程更加得心应手，以增加制作效率。

3. 设计要求

（1）标注的数值准确、严谨。
（2）标注的位置清晰、明快，一目了然。
（3）说明及材料的表示要完整详尽。
（4）文字与符号的应用要通俗易懂。
（5）标注规格以国家的行业标准为准。

9.4.2 【项目设计及制作】

1. 设计素材

图片素材所在位置：光盘中的"Ch09 > 素材 > 圆锥齿轮轴零件图"。

2. 设计作品

设计作品效果所在位置：光盘中的"Ch09 > 效果 > 标注圆锥齿轮轴零件图"，如图 9-34 所示。

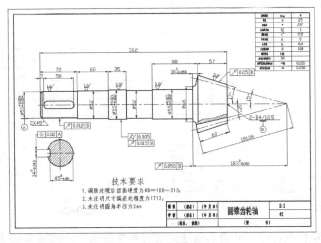

图 9-34

3. 步骤提示

步骤 1 打开素材文件"圆锥齿轮轴"。

步骤 2 使用"线性"命令标注圆锥齿轮轴，如图 9-35 所示。使用"对齐"命令标注圆锥齿轮轴的齿宽，如图 9-36 所示。

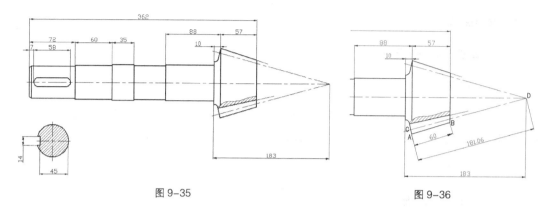

图 9-35   图 9-36

步骤 3 设置标注样式。使用"线性"命令标注圆锥齿轮轴的轴颈，如图 9-37 所示。

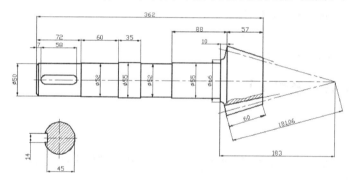

图 9-37

步骤 4 设置标注样式。使用"角度"命令标注锥齿轮的角度，如图 9-38 所示。使用"修改"命令为尺寸添加公差，如图 9-39 所示。

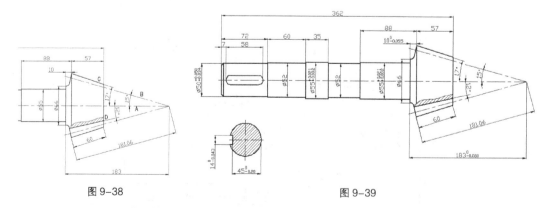

图 9-38   图 9-39

步骤 5 绘制表面粗糙度符号，并将其创建为带有属性的图块，如图 9-40 所示。插入图块并输入参数值的大小，如图 9-41 所示。

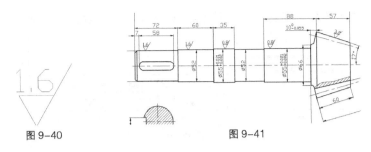

图 9-40　　　　　　　　　　　　图 9-41

步骤 6 创建多重引线样式。使用"多重引线"命令在轴的端面标注注释，如图 9-42 所示。选择"直线"工具 ✎ 和"圆"工具 ⊘ 绘制参考面符号，并将其创建为带有属性的图块，如图 9-43 所示。

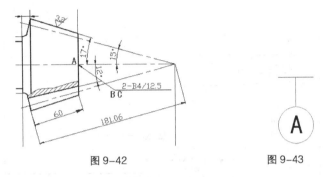

图 9-42　　　　　　　　　　图 9-43

步骤 7 插入图块并输入参数面数值，如图 9-44 所示。

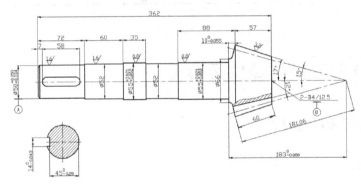

图 9-44

步骤 8 使用"qleader"命令标注形位公差和轴端的倒角，如图 9-45 所示。

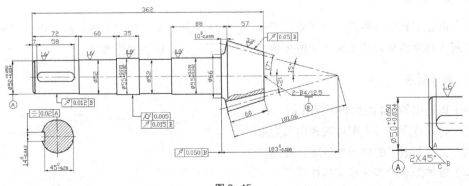

图 9-45

步骤 ⑨ 使用"多行文字"工具 **A** 输入技术要求、零件名称、比例以及材料，如图 9-46 所示。

图 9-46

步骤 ⑩ 插入表格并输入文字和特殊符号，将其拖曳到适当的位置，如图 9-47 所示。

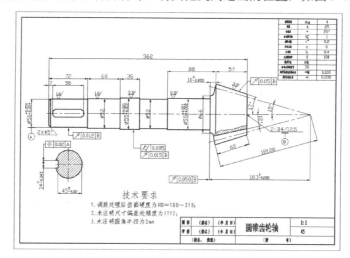

图 9-47

9.5 打印圆锥齿轮轴零件图

9.5.1 【项目背景与要求】

1. 客户名称

易峰机电设备有限公司。

2. 客户需求

打印圆锥齿轮轴零件图，由于要用于生产和加工之用，所以打印的图形要清晰、完整，将图形细节最大限度的地表达出来，让所体现细节一目了然，以增加制作效率。

3. 设计要求

（1）以通用的 A4 纸为图纸尺寸。

（2）打印范围以最大限度表现图形为主。

（3）文字与数字的展示要清晰、准确。

（4）整体图形的表现要完整详尽。

9.5.2 【项目设计及制作】

1. 设计素材

图片素材所在位置：光盘中的"Ch09 > 素材 > 圆锥齿轮轴零件图"。

2. 设计作品

设计作品效果所在位置：光盘中的"Ch09 > 效果 > 标注圆锥齿轮轴零件图"，如图9-48所示。

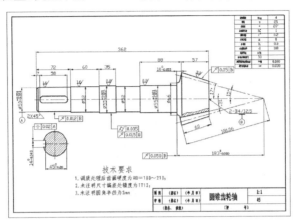

图9-48

3. 步骤提示

步骤 1 打开素材文件"圆锥齿轮轴"。

步骤 2 选择"打印"工具，弹出"打印—模型"对话框。将"页面设置"选项组设为无。

步骤 3 在"打印机/绘图仪"选项组中将"名称"选项设置为相应的打印设备。"图纸尺寸"选项组设置为"A4"。

步骤 4 将"打印份数"选项组的数值框设置为5。

步骤 5 将"打印范围"选项设为"窗口"，在绘图窗口中依次选择打印区域的对角点，即A点与B点，如图9-49所示。

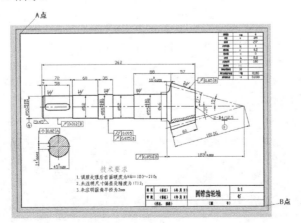

图9-49

步骤 6 将"打印比例"选项设为"1:2",将"打印偏移"选项设为"居中打印","图形方向"设为"横向"。

步骤 7 单击 预览(P)... 按钮,预览圆锥齿轮轴零件图的打印效果。若用户对预览效果满意,单击"打印"按钮 🖨 或右键单击图形,从弹出的快捷菜单中选择"打印"选项,则直接打印即可。若用户对预览效果不满意,则单击"关闭预览窗口"按钮 ⊗ 或右键单击图形,从弹出的快捷菜单中选择"退出"选项,返回"打印-模型"对话框,修改相应的设置后再打印即可。